装修日记

# 省钱装修 60课

- 百姓装修的真实记录
- 大众经验的完备总结
- 奸商陷阱的直接曝光
- 省钱装修的最佳秘籍

U0247338

搜狐焦点家居　主编

江苏凤凰科学技术出版社

图书在版编目（CIP）数据

装修日记：省钱装修 60 课 / 搜狐焦点家居主编 . --
南京：江苏科学技术出版社，2014.6
　ISBN 978-7-5537-3080-6

　Ⅰ . ①装… Ⅱ . ①搜… Ⅲ . ①住宅 - 室内装修 Ⅳ .
① TU767

中国版本图书馆 CIP 数据核字 (2014) 第 081096 号

## 装修日记：省钱装修60课

| 主　　　　编 | 搜狐焦点家居 |
| --- | --- |
| 项 目 策 划 | 杜玉华 |
| 责 任 编 辑 | 刘屹立 |

| 出 版 发 行 | 凤凰出版传媒股份有限公司 |
| --- | --- |
| | 江苏科学技术出版社 |
| 出版社地址 | 南京市湖南路 1 号 A 楼，邮编：210009 |
| 出版社网址 | http://www.pspress.cn |
| 总 经 销 | 天津凤凰空间文化传媒有限公司 |
| 总经销网址 | http://www.ifengspace.cn |
| 经　　　销 | 全国新华书店 |
| 印　　　刷 | 大厂回族自治县彩虹印刷有限公司 |

| 开　　　本 | 710mm X 1000mm　1/16 |
| --- | --- |
| 印　　　张 | 16.5 |
| 字　　　数 | 302 000 |
| 版　　　次 | 2014 年 7 月第 1 版 |
| 印　　　次 | 2014 年 7 月第 1 次印刷 |

| 标 准 书 号 | ISBN　978-7-5537-3080-6 |
| --- | --- |
| 定　　　价 | 39.80 元 |

图书如有印装质量问题，可随时向销售部调换（电话：022-87893668）。

# 目录

## 第八章 采购，斗智斗勇好惊心

## 第九章 有些话，想说给还没装修的你听

# 第一章 选谁来装修，装修单位PK战

# 自己当工长？这个可以有！

第一课

网　　名：平民女 De 实木家装
装大学历：大四
所在城市：北京
装修感言：找一个好工长，让他做半个主，
　　　　　你做半个主，就 OK 了

装修是个让人头疼的问题，装修找不到合适的工长则更让人头疼，我在头疼了几个星期后，做出了一个让我家所有人头疼的决定：自己当工长！

## 第一回　投石问路，工长难觅

乍一看这标题，嗬，够唬人的。是呀，我也奇怪，自己一直在找工长、找装修公司，找了一圈，倒把自己推向了工长的位置。

不过，啥事都有前因后果，既然工长找了一圈都没找到，自己当了工长，那一定有原因吧。简单原因是找不到我认为合适的人；深层原因，就是我要得多，能出的人民币少；最主要的原因，是我要得多而且比较各色，说得文雅一些，是个性化的需求太多。

先说我的各色需求：(1)砖砌橱柜；(2)所有家具不买一件成品，全部现场做，而且要用传统榫卯工艺；(3)水电改外包；(4)暗卫变明卫；(5)过道改衣帽间；(6)阳台地面中间铺一条鹅卵石健身通道……

心里揣着这些要求，我对主动上门要求合作的装修公司（工长）从不拒绝，因为这些装修公司早已在小区里排兵布阵多时，所以一见面，户型图、样板间、效果图、基础报价等全套资料都齐全地递到我手上，然后就是各种优惠：贴砖外面多少，给咱小区的优惠价多少，墙找平多少，给咱小区优惠价多少，这两天签单在这基础上再打多少折扣，看我还犹豫，再送拓荒保洁，仍不心动，那再送两把门上锁！

这样的商谈前前后后不下十家，凡是小区施工的，差不多都是这套程序。一般人说到最后再要点折扣也就说考虑考虑，或是签单了。唉，谁让咱是二般人呢？二般人就是说下大天来，我心里有个定海神针，不为所动。

等一般的程序走完，轮到我说话了。我知道自己要的东西，但是架不住兜里的人民币不给力呀，没有人民币力挺，何来说话的底气？所以咱还是用怯怯的语调问："我想砖砌橱柜，你们能做吗？"对方先是惊讶："干吗砖砌呀？用我们家的橱柜吧，我给你折扣多点，保你满意！"声调明显地上扬。

明明是我装修，干吗要用你的东西来改变我？遇到这样的装修公司，我的固执劲儿就全上来了："我还是要砖砌橱柜"。接下来就是很一般的套话："今天就谈这些，要不你回去再考虑考虑，回头再联系？"再联系的就很少了，然后就彻底消失了。

橱柜的事让我初尝受挫滋味，接下来最让我受挫的是现场实木家具制作。拿到新房钥匙了高兴，做了一桌菜，请要好的邻居两口子过来一起吃饭庆祝一下。吃饭闲谈，装修是少不了的话题。谈到装修时，我刚说出现场做家具的计划，饭桌就变成了辩论会，我是正方，老公和邻居两口子是反方，一对三。什么让专业的人做专业的事，二十年前的装修才这么搞，单位这么多人家，还从来没有一家像我这么做装修的，装修这事，还是要交给装修公司，家具就到家具市场去买云云。呵，那顿饭吃的啥都不记得了，只记得他们三个人的反对、辩论、规劝。

先不说装修公司如何回应，自己家后院就先起火了：老公一直不支持，朋友不赞成。平心而论，他们说的这些话都很有道理，也都对。但是，这些道理的成立是有条件的，那就是人民币力挺。装修这事说简单也很简单：想少花人民币，就自己多费心；想省心，自己就多花人民币；要求环保就要多花人民币。

对于像我这样的，想装修又怕花人民币，要得多，又给得少，这些有道理的话就成了"正确的废话"。现在想想，也不知道自己那时候怎么那么大的犟劲，他们的反对，倒激起了我把这事做成的决心。

接下来，只要能联系上的装修公司（工长），我都主动去和他们谈。因为我这新房的面积大，这对装修公司来说也算是大活了，所以基本上人家也很愿意来做，但一说到家具这块儿，就晴转阴了。有的老板就是好心规劝，有的放大话：明天我带你去我们的家具厂，你要什么样的，让他们给你做，价格绝对优惠。最后的说辞和橱柜的差不多，我都听了N多遍了。

我原以为装修公司做木工活不是难事，只要付人民币，谈好要求即可。后来发现，装修公司的木工活和我说的做家具是两回事：一般装修公司说的木工，差不多都是用来吊顶或是包垭口之类的，而真正会做榫卯传统工艺的木工，要价太高，装修公司也养不起。一方面，市场对现场做家具的需求少，考虑到场地、装修时间等限制，一般家装都是让装修公司做个简单的木工活，家具买成品或定制，所以一般家装公司也没有必要养一个高级木工；另一方面，会做榫卯结构的木工人数少，比起瓦工、电工、油工等其他工种，木工技术要求比较高，没有几年的磨炼，是无法独立完成的。从木工从业者年龄来看，年轻人不愿意学，年龄大的又不太会使用现代的电动工具，也造成了好的木工难求。

家装中，除了木工，瓦工也存在年龄断档的问题，在此，不高论产生的原因，大环境如此，我们只能接受现状。而且咱也知道自己兜里的人民币不给力，从没指望老板突然变成活雷锋，特意为我请寻一个好木工。还没等老板面露难色，我自己先不好意思了。

就这样，拿钥匙已过一个月了，整栋楼里大部分用户已开始热火朝天地施工了，我的家装一直没有进展。

## 第二回 逼上梁山，装修充电

逼上梁山？没有那么悲情，也没有那么严重，只是表达我当时处处碰壁受打击的心情。

用逼上梁山，还有一层意思，就是很多人用在QQ签名中的一句话："一个人，不逼一下自己，根本就不知道你有多优秀……"

接下来讲讲，自己是怎么被逼成"优秀"的。

### 一、想省事订套餐，遭遇装修公司倒闭

小区刚交房不久遇到一家装修公司做宣传，而且就在小区门口有车，可以随时看样板间。就这样，我这个装修白丁来到了样板间，从此也开始了装修之旅。

这是一家国内首家外商独资的家装公司，主打"成品家装"的概念。等我们一到样板间，着实给镇住了，包括现代简约、中式、欧式、田园等八种风格1:1实景成品间，看着哪种风格都好，都想要。

我被这种装修理念所吸引，第二天就交了装修定金800元。我订的是家装套餐，套餐产品按照套内面积598元/平方米计价，涵盖了家居装修中的33项内容。总价算下来，10万左右。

晚上设计师就把相关资料发到我的电子邮箱里了，看着一页一页的说明和工艺，也无从说好与不好，但当我看到有一条这样的备注时，我觉得有些后悔交定金了。这条备注是说，如果对备选的主材不满意，可以换，但往价格高的换，只收主材的差价，如果往低换，除了主材的差价，还得另收管理费，而且如果自己到外面买主材，也要收管理费。就这么一条备注，我怕我以后换主材麻烦就找了个理由把这个定金给退了。

但我还是很认可这家公司的装修理念，可以拎包入住，尤其是我看到它的实景1:1的大房间，显示公司的实力很强，真的很心动，还想如果不做家具还找他们来做。

生活远比电视剧还不可思议。就在拿钥匙两个多星期时，签单的邻居们都已开工，水电改差不多快完的时候，遇到跟我一起签单的一个邻居，神情慌张地走过来跟我说："怎么办？工长都跑了！停工了！"我还没有明白怎么回事呢，他把手里的报纸递给我看，那是当天的《京华时报》，一看标题我傻了：《某某装饰公司倒闭，人去楼空，工长、供货商追讨百万欠款》。他说他家刚交完水电改的钱，其他的装修款交了一半，四五万出去了。他不知道我第二天已退定金了，他问，你家进展得如何了？我很尴尬，无言以对。

粗略估计了一下，这家公司在我们小区揽了差不多四五十家装修，这种套餐很适合不想操心的年轻人，更适合那些子女工作都忙的老年人。想想这么大的公司，有这么多活，一夜之间就人去楼空，安全感再一次提到嗓子眼上。

突然发现幸运降到了自己身上，这么大个坑都给绕过去了，难不成是女人的第六感觉，还是长着后眼呢？这次又当了一次"二般人"。

## 二、靠人不如靠己，装修恶补充电

就在经历了这些事情的起起伏伏之后，我突然有了一个想法：自己当工长。

说白了，工长就是张罗事的人：需要找人，他帮你找；需要材料，他帮你买；他把活分下去，跟业主结账要钱，也就是掌管家装中的人、财、物。当然还有一个重要的作用，就是除了把活分下去，还得负责让工人把活干好。也就是说他懂得这些家装工序，并知道种种工程标准。工长一般都是从小工开始的，然后干几年，或瓦工或油工或木工在某一项做得好，积攒了口碑和人脉，就拉出去另起山头。

自己想当工长，不可能去一个施工队干个一年半载，不过，即使我想去，人家也不会要。直接经验得不到，那就从网上获取间接经验。

为自己做事就是有动力呀，tianya、sina、taobao、网易等凡是有装修论坛的网站，都是我经常上网浏览的地方，当然来的最多的还是搜狐装大论坛，一开始登录进来，感觉太多的内容，无从看起，等熟悉了，就知道装大对很多的内容进行了整理，最方便的就是装修论坛的搜索功能，带着问题搜索，都能找到相关的答案。

### 三、装修我做主，装修理念先行

装修是个技术活，但必须理念在先，要么会伴着各种纠结忐忑不安。比如铲墙这事，你看了资料说应该铲，可邻居家里装修又能说出不铲的理由，你想不铲，装修公司又劝说铲。怎么办？

这个时候不妨跳出该不该的圈子，换一种思路去思考：有没有以后换房的考虑。如果一居想换两居，两居换三居，那就能省就省吧，反正铲了也不一定说墙面不出裂纹；如果装修的房子要长期住下去，那一定要铲，就算以后出现裂纹，至少买个心里踏实，说白了就是花钱买个踏实，装修就是花钱的事。

再比如：地面是铺砖好还是铺板好？这样的问题答案肯定是两个：铺砖好！铺地板好！又等于没有答案。纠结于这个本来就不是二选一的问题中，永远得不到你要的答案。

这个时候跳出圈来思考，答案就是唯一的了。比如，考虑到过几年再装修，那一定选择地板，因为铺砖二次装修太麻烦了。比如考虑到家的舒适度，那一定是地板，砖怎么铺都达不到地板的效果。而如果考虑到怕水、好擦地等情况，那就是砖。

家装理念要有所创新。很多看似一贯的说法，随着材料工艺技术的改进，都发生了变化，人们的生活习惯也发生了很大的变化，所以家装理念还是要有所创新。

比如"客厅铺砖卧室铺地板"，理由是客人来了免得换鞋，打理起来方便。这种说法放在80年代，很充足。但现在除非上门送礼的，一般朋友很少来家串门了，大家聚会的地方是餐馆、外出旅游。再者，即便来客人朋友，一年365天，能来上两三次，谁能为这两三次放弃其余363天？当然，如果你就觉得喜欢这样，也是不错的选择。

再比如"北方不适合竹地板，因为竹地板容易变形和开裂。"还是这句话，这种说法放在二十年前，应该成立，但现在竹地板的工艺、技术都有了很大的改进，如果北方不适合铺，那竹地板主要销往欧美、日本，这些漂洋过海的地板，就不怕裂不怕变形？老外就愿意用变形和开裂的地板？

## 第三回 自当工长，招兵买马

### 一、找装修公司和找工长，背后你所不知道的事

装修的经典语录：省钱不省心，省心不省钱，环保意味着价高。套用这句经

典的话，找装修公司省心，因为装修公司有完备的工艺流程、管理体系及售后服务，口袋里有足够的钱而且想精装，那最好找装修公司，毕竟有专业设计师、有监工的、有售后的。选择工长、监工比较麻烦且采购材料方面不放心，有可能有纠纷就卷钱走人。找工长不省心，但省钱，能省20%~30%的费用。

网上很多装修公司和工长的利弊分析，看得多了，明白是明白了，但轮到自己决定的时候，还是纠结，不知到底哪种方式好。

通过组织结构图可以很直白地对这两种方式进行比较：

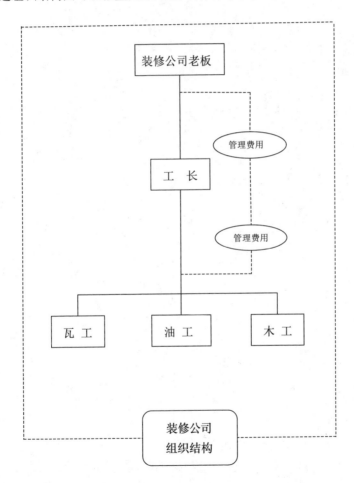

图解：从这个图中可以看出，从公司到工长，会产生一个管理费用，从工长到工人，又会产生一个管理费用。

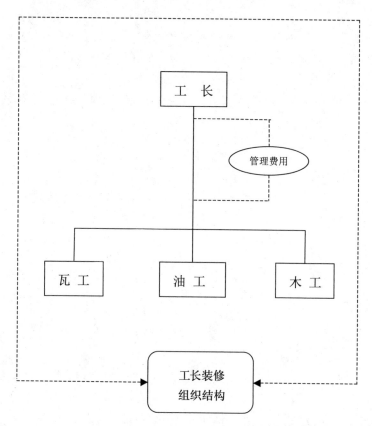

图解：从这个图中可以看出，从工长到工人，会产生一个管理费用。

　　通过这两个示意图对比，可以看出，装修公司的费用比工长的费用高的地方，是多出了一个管理费用。也正是这个多出的管理费用，才能使得装修公司有着完善的管理监督体系，包括设计、施工、用材都有严格的标准，而这也正是业主找装修公司觉得省心的地方。

　　一般业主认为装修队不是一个独立个体，并不愿意直接和包工头打交道，而不管装修公司讲不讲信誉（非常遗憾，绝大多数都不讲信誉），必定是一个实体，将来出了问题，起码找得到人。从某种意义上来说，装修公司主要提供的是保障而不是服务。业主愿意多付钱来换好的服务，所以他们收费高是合理的。

再来看看自己当工长的组织结构图。

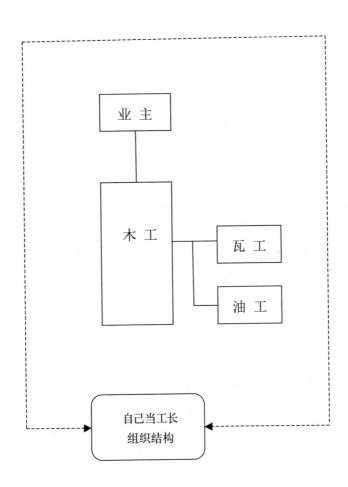

图解: 从这个图中可以看出, 业主直接对干活的工人, 少了1.5个管理费用。为啥是1.5而不是2.0个, 仔细看一下, 就会看到, 我家木工、瓦工、油工, 不是一个并列的关系, 而是一个主辅关系, 从组织结构图中可以看到, 木工其实起了一部分管理职能。对, 就是兼职工长。

把装修公司、工长、自己当工长这三者汇总到一起进行对比，可以更直观地看到它们的不同。

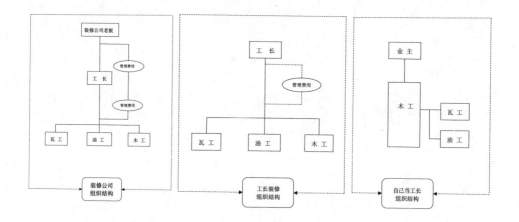

## 二、自己当工长不等于找装修游击队

自己当工长，很多人就会联想到站马路边等着找活的农民工，这种没有单位、没有资质、没有固定住所的人被称作"游击队"。

顺着这样的思路再往下走就是：自己当工长——装修游击队——质量没保证——放弃。

难道自己当工长不找装修游击队，还有其他办法吗？答案是肯定的，那就是除了创新还是创新，这创新体现在人、财、物三个方面：

### 1. 人：找对人就成功了一半

再大的装修公司也就是瓦工、油工、木工、水电工这四个主要工种。也就是说，四个人就能把装修做完。现在有了水电改专业公司，水电改就交由专业公司去做，那家装的活就剩下瓦工、油工、木工了。

工长就是管这三个人工作，虽然只是三个人，但如果业主自己分别去找，彼此之间的衔接，以及发生问题后彼此之间的扯皮，是让人头疼的事。

这种模式的装修流程是这样的：

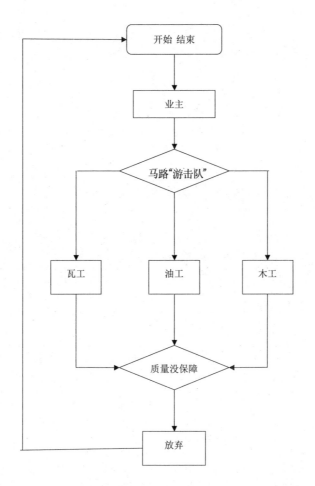

　　换一种思路，问题就很容易解决：看看自己家装最主要的工作是哪部分，然后找到能做好这个活的工人，由这个工人再帮着找另外两个干活的工人。这样他们之间彼此独立又有着联系，而且是每个工序完再结款，以保证做活的质量。

　　以我家为例，我家所有的家具都是木工现场制作的，木工是最主要的家装部分，我把最主要的精力都放在找木工上，通过去现场考察及走访他之前做家具的业主，最后确定了在我家干活的木工。

　　木工确定后，瓦工、油工几乎可以不用操心就找到了。原来在北京装修的人员中，很多都是同乡、亲戚或是一家子，你一旦确认了一个工种，让他给介绍另外工种的人来干活，那是很容易的事，他们心里每个工种都有几个候选人，而且他最了解那个人的干活手艺及要价。价格方面只要你不低于装修公司给他们的提成，找一个干活好的人是不难的事,而且他们彼此之间有着信任和支持，不会互相拆台。

创新后的装修流程是这样的：

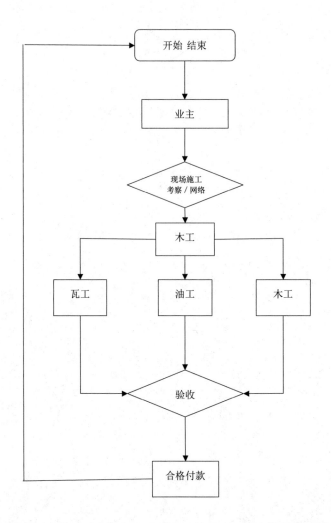

很多人看了我家的砖砌橱柜，问瓦工的联系方式。我家瓦工是木工找的，最重要的一点就是这个瓦工是木工的姑表哥，据说是装修争抢人物,瓦工的技术活是做得不错，对业主态度也好，就是找他得排队等，要不是与木工这一层的亲戚关系，不好请他。

把这两个模式放在一起进行对比：

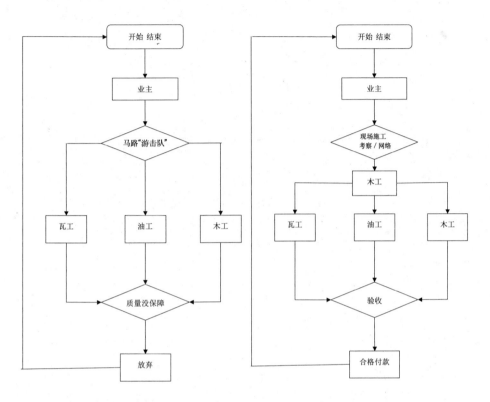

通过这两种模式对比可知，业主对装修流程和质量的掌控不同。原有的模式，业主时时处于被动状态；新的模式，业主通过后付工钱掌握主动权，进而对装修的质量有保障。

2. 物：大件保真+小件网购

家庭装修三种方式：全包、半包、清包。

全包：也叫包工包料，所有材料采购和施工都由施工方负责。装修造价包括材料费、人工机械费、利润等，另外还要暗摊公司营运费、广告费、设计师佣金等，客户交的钱只有六成能花到房子上面。

清包：也叫包清工，是指业主自行购买所有材料，找装饰公司或装修队伍来施工的一种工程承包方式。由于材料和种类繁多，价格相差很大，有些人担心别人代买材料可能会从中渔利，于是部分装修户采用自己买材料、只包清工的装修形式。

半包：介于清包和半包之间的一种方式，施工方负责施工和辅料的采购，主料由业主采购。

自己做工长，一般也就是选择包清工的模式，相对于全包、半包来说，包清工是比较操心，不过包清工先操心，入住后省心。

如何选材以及购买材料，每个人都有自己的购物经验，我的观点是大件保真+小件网购。

(1) 大件保真：是说像防水、石膏板、漆、耐水腻子等假货太多的材料，力求保真，最好在大的建材超市购买并开发票，这样除了保真，退换货也方便。

(2) 小件网购：平心而论，装修用的东西大大小小都有上百件了吧，包清工是很费心，但有了网购，装修买材料也就是点点鼠标的事，而且网购的范围越来越大，价格比实体店便宜，网购让包清工也变得轻松。

### 3. 财：掌握主动权，验收合格后付款

钱在谁手里，谁就有主动权，所以我们也不搞什么三三制，也不搞什么首付款，就是按合同标明的工序去做，完成一项，验收合格后付款。

自己当工长还有一个好处，就是不用担心增项，可以合理利用手上的资金进行装修。

## 三、签订比较详细的合同

北京市有制式装修合同，可以下载填写。除了合同标注的以外，还要根据自己的需要作为附加条款放进合同里。合同的主要内容包括：

(1) 委托人的信息及被委托人的姓名及身份证号；

(2) 装修工程的地点、面积、装饰内容及承包方式；

(3) 工期；

(4) 工程款总价及付款方式；

(5) 甲乙双方的责任及义务；

(6) 工程保修的内容、方式及期限；

(7) 合同变更及解除条件；

(8) 违约责任及解决纠纷的途径；

(9) 合同生效方式；

(10) 双方认为需要明确的其他内容；

(11) 附件——房屋平面图、装修工艺及报价明细。

经历了以上所有步骤，我家的装修已经万事俱备，我这个"工长"就要走马上任了，期待我的装修顺利吧！

GAR✿N 佳诺整体家居 **课堂总结：**

    自己当工长，是万般无奈的选择，生生把我逼成了女汉子。自己当工长的好处是自己掌握所有的人、财、物及装修流程，可以做出自己家的个性装修；坏处就是事无巨细，什么事情都要自己操心，没有充足的时间和旺盛的精力，真坚持不下来。希望打算装修的朋友们根据自己的实际情况慎重考虑。

第二课

# 选谁来装修——工队 vs 公司

网　　名: 梦游四四
装大学历: 初一
所在城市: 北京
装修感言: 装修＝造窝。

装自己的家，每个人都会因为兴奋，而产生一种"近乡情更怯"的紧张感，继而生出一种"恐惧"——当天上的馅饼掉到你手上，你真的未必敢接——这就是我们面对装修时最常见的心态。所以大部分人会做两种选择：第一种，找熟人装修或介绍装修；第二种，干脆包给大公司省事。

我的感受是，这两种选择都不太理想。前者易有隐患，后者容易被骗。

心理学上有一个中国人最爱犯的效应叫"熟人效应"，就是我们总是更容易相信熟人的话，更想要熟人帮我们做事，觉得"信得过"。但实际上，这样的心理源于我们情感上的一种"信任懒惰"，我们懒得去重新认识一个新的人，和他建立一种良好的关系，因为这样"费劲儿"，信一个已经熟悉的人，轻松多了！但这样的心理，在装修里，常常有隐患。比如熟人的经验已经不能与时俱进，或者有些熟人会"杀熟"，你到时折了装修又心寒。还有面对熟人，你总不好意思"扮黑脸"，好多必要、必须说的话，都说不出口，反而耽误事！

因为了解这个效应，我走了"反思维路线"——不用熟人来做装修，不用熟人推荐的工队，也不用熟人用过的装修公司。我想试点新鲜的！有首歌怎么唱的？

"只爱陌生人"。虽然有风险，不过我觉得这比较适合我。

世界上所有的事都是一分耕耘一分收获，如果你懒得用心，你获得的往往就不那么贴心。

下面，我来具体说说我的选择策略：

工队还是公司？这是一个问题，而且还是第一个就要考虑的问题。装修方没有绝对的好坏，只有适合不适合你。

先说选工队吧。我觉得，如果你自己懂点设计，或者非常清楚自己的小窝要什么样子，再或者你想单请设计师，同时你有时间和精力自己购买主材，那直接选个工队是比较好的。

选择工队，往往是清包或半包模式。就是工队出工人，你只出个工钱，自己买辅料和主材；或者让工队包工包辅料，你自己买主材。工队一般价格低些，报价透明，而且如果沟通得好，关系建立得好，效果很直接，不必绕过公司。

工队的好坏取决于工长的好坏，网上好的装修论坛都可以提供很好的工长，而且现在的工长工队里都有一个懂点设计的"设计师"，也可以满足一些设计需求。

但选工长的弊端是：你需要自己作为中间人，联络工长和设计，而且需要自己花时间、精力去买主材。同时，工队的信誉和人品也需要"押宝"，考你识人的眼力。因为工队没有公司，如果出了问题，没人负责。如果你用的还是一个"游击队"，那如果出了问题，就很崩溃了。所以大部分人都用自己熟人用过的工队。但是正如我前面说的，熟人介绍的，你不太容易扮黑脸，关键时刻就不容易坚持自己的原则，给装修留有遗憾。

而选公司呢？我觉得，如果你特别懒，也不知道自己想要什么样的家，或者工作忙没时间研究，那自然选公司适合些。

公司的好处是：省事、省事、省事。你可以什么都不做，一个半月后给你一个装修好的家，你只要交钱就可以了。

但公司的弊端就是省事中，有人钻空子。公司分大牌子的大公司和不知名的小公司。大公司上过电视节目，上过装修排行榜，没事就做广告。而小公司往往出现在你家小区的业主群里揽生意。

公司往往先和你见面的是销售人员，他们不太懂装饰和装修，却很懂"沟通"和"套近乎"，让你信任他。然后出场的就是设计师，会用他的专业倾倒你，给你一个美好的家的蓝图。然后你签了合同，工长才出现在你家，开始动工。看到吧，这里七转八弯，隐患很多，一个公式就明了了：

好公司 ≠ 好销售 ≠ 好设计 ≠ 好工队

你如何放心？如何偷懒？你要验证的其实和工队是一样多的，特别是大公司，制度严格，流程繁复，每个流程上的负责人都不一样。你只能不断用"他们是大公司，应该没问题"来自我催眠。

我一个朋友，就用了一个非常大牌的装修公司，什么都没看到就交了4万块，结果层层转托，最后还是游击队干的活，装修完三个月，卫生间瓷砖就裂了……我的意思不是说大公司不好，而是说如果你什么都不知道就迷信品牌，这是最可怕的。可以偷懒，但不能无知和盲信。

下面说说我的选择：小装修公司半包+监理。

为什么这么选？因为这个方式和我最匹配。我的现状是：清楚自己要什么。我对家装很感兴趣，也早就有家的梦想，所以没人比我更会设计我的家。而且感谢母亲大人，让我学了七年美术，虽然后来并没从事这个领域，但有些设计功底，而且比较会用PS，所以我不太需要替代业主的独立设计师。同样我是一个爱安排、爱准备、不喜欢限制的人，所以主材在两年前就开始选了，不甘心就在装修公司给的几样主材里选择。但我上班很忙，虽然我可以兼顾装修，但肯定无法面面俱到，所以我需要有人替我看着。

于是我选装修方，就本着自己设计+自己买主材+需要监理的目的来选公司。我谈过两家小公司、两家大公司和两个工长俱乐部，接触了三个工长——这些都不是熟人推荐的，而是我自己通过信息收集和口碑推荐发现的，当然也有毛遂自荐"撞入我怀"的，哈哈……

我发现，大公司价格高，而且他们的设计师不太管业主的需要，因为他们都是"大师"，某大公司的大设计师直接就把我家的马桶从卫生间挪客厅去了……让我和老公都汗成水人。大公司还要收较多的管理费，这个钱基本就是白给他们的。而且我根本没法见到直接给我家装修的工人，一直只是设计师在忽悠我，所以我推掉了他们。

工队呢，我碰到好多好工长，但因为不能包辅料，而且我也担心我第一次设计，我的想法和工长说不清，所以还是需要一个中间人。

我最终选中了想做我家小区的一个小装修公司，它家的鞠设计师，就像鞠萍姐姐一样爱笑，而且亲切好沟通，从来不把自己的设计想法强加于我，一切以我的需求为设计中心，所以我很爱她，她能很好地担任我和工长之间的"翻译"。而且小公司的好处就是，没有大公司那么烦琐，我很容易就先看了它家正在施工的5个工地。因为做小区的小公司，工地都集中在一个小区里，所以很方便看很多不同进度的工地，然后就可以从中选定一个工艺令人满意的工长。我直接和工长见了面，立即记上他的手机号，并且见了工队中的瓦工，问了姓，打了招呼——这些是选公司很重要的步骤，要具体了解到人，才能真正保证你家施工的质量，不会被偷换工长或工人。

还因为是小公司，设计费零、管理费零、量房验房费零。设计师给我出了5份设计图，解答了我无数装修问题，甚至都给我量完房、出完图，一分钱都没收——他们用这种诚意征服了我。

同样，因为是陌生小公司，信任是一方面，留一手也是必需的。我也需要专业人士帮我参谋，于是我请了专业监理。

就是这样，最适合我的装修方选择尘埃落定。

**GAR⦿N** 佳诺整体家居 **课堂总结：**

"爱总结"的我，也为大家总结一个选装修方的"流程图"，希望能给大家一些借鉴：

| 装修方 ＼ 自身条件要求 | 装修经验 | 了解装修步骤 | 清楚自我需求 | 懂点设计 | 有时间买主材 | 有时间买辅料 | 有时间监督施工 | 有足够装修经验 |
|---|---|---|---|---|---|---|---|---|
| 工队 | √ | √ | √ | √ | √ | √ | √ | × |
| 工队+设计师 | √ | √ | × | × | √ | √ | √ | × |
| 工队+监理 | √ | √ | √ | √ | √ | √ | × | × |
| 工队+设计师+监理 | √ | √ | × | × | √ | √ | × | × |
| 小装修公司半包 | × | × | √ | √ | √ | × | √ | × |
| 小装修公司半包+监理 | × | × | √ | √ | √ | × | × | × |
| 小装修公司全包 | × | × | √ | √ | × | × | √ | × |
| 小装修公司全包+监理 | × | × | √ | √ | × | × | × | × |
| 大装修公司半包 | × | × | × | × | √ | × | √ | × |
| 大装修公司半包+监理 | × | × | × | × | √ | × | × | √ |
| 大装修公司全包 | × | × | × | × | × | × | √ | × |
| 大装修公司全包+监理 | × | × | × | × | × | × | × | √ |

第三课

# 老爸眼中的装修公司

网　　名：蓝色de记忆
装大学历：初一
所在城市：北京

收房子偏偏赶上了换工作，不知道还有没有比我更"幸运"的朋友。一面是可能终身陪伴的小窝，一面是新公司的试用期，整天忙得焦头烂额。

为了能鱼和熊掌兼得，我请来了最有责任心的监理人——我的老爸，全权负责装修工作，连装修合同都是老爸签字。哈哈，我老爸年轻的时候做过木匠，在农村做过装修，所以在找装修公司的时候省了好大的力气。当然了，我写这篇日记的本意不是来得瑟的，言归正传，看老爸如何挑选装修公司。

## 全包 vs 轻工辅料 vs 包清工

不选全包的原因很简单，经费有限。这里重点介绍一下轻工辅料和包清工。

刚开始我跟老爸商量这事的时候，他就选择了轻工辅料，这让我吃惊不小。要知道，老爸做过装修工长，带几个工人干装修的能力还是有的。即使不找工人，弄个包清工自己核算辅料数量，选购辅材还是很轻松的。可老爸的理由是：装修公司的利润点就在于辅料，如果把这个利润点剥夺了，装修公司只能从工人工钱里找回，工人就不乐意了，所以很难避免工人偷辅材、故意浪费辅材的现象。举个简单的例子，如地面找平，以正常地面高度为0来说，凹的地方为-5cm，凸的地方是5cm。正常的地面找平后的高度可能在2~3cm之间，把最高点铲一铲，凹的地方补一补。浪费辅材的做法就是找平后地面高度为8cm，凹的地方多补一些，凸的地方少补一点。当然了，在刷墙、防水等几乎所有环节他们都有办法浪费辅材。

## 关于墙处理的隐藏费用

装修公司在核算费用的时候都用AutoCAD，大家感觉非常专业、非常精确。但是很多公司在核算墙面积（刷墙、贴墙砖的时候用）的时候并不扣除门、窗的面积。以厨房门为例：一个门洞的面积就是0.9米x2米=1.8平方米，刷墙每平方米19元，贴墙砖每平方米26元。一个厨房门洞多算的费用就是1.8x(26+19)=81，一个卧室门洞多算的费用为1.8x(19+19)=68.4，如果有5扇门（厨房门，卫生间门，三个卧室门），那么总费用是81元x2+68.4元x3=367.2元。加上窗户的面积（尤其是大落地窗，阳台）能多生出不少的费用。

## 无中生有的费用

装修公司为了吸引顾客，会把项目单价降得很低。为了找回损失的利润，商家只好无中生有。我所在小区最常见的是拉毛费用。首先交代一下，拉毛就是水泥墙面凿出一条条凹痕，作用是便于墙砖铺贴。很多开发商在交房的时候就已经在厨房和卫生间做好了拉毛。我所在小区就是这样，但是还亲眼见过一个装修公司的报价中有拉毛一项。要装修的朋友一定要睁大眼睛看装修公司的报价单中有没有多余、重复的项目。

除此之外，我还亲眼见过个别装修公司把刷墙的费用一分为二。耐水腻子一遍5元x3，乳胶漆一遍8元x2。这样每平方米刷墙的价格就是5元x3+8元x2=31元。其实正常的收费是三遍耐水腻子+两遍乳胶漆，总价19元/平方米。老爸还说过，实际施工中，工人都是两遍耐水腻子，一遍或者两遍乳胶漆，这已经成为装修业的潜规则，不管商家如何承诺3遍耐水腻子，其实都是2遍的（不排除有个别信誉百分百的商家）。不过即使2遍耐水腻子，1遍乳胶漆，也是没有问题的，大家可以放心。

## 关于水电改造

老爸所签订的装修合同是不包含水电费用的，只是标明了改水电的价格。一般说来，明管和暗管的收费是不一样的，因为暗管需要剔槽。但是还有一条不成文的规定，就是用哪家公司做基础装修就要找哪家做水电。因为竞争激烈，很多装修公司在做地面找平、墙面刷漆、贴瓷砖等项目上都不怎么赚钱。它们的利润点都在水电上。一般来说，80平方米的房子，水电改造下来得三四千元，实际成本可能连一千都不到。老爸不建议水电另外找公司，理由跟第一条不包清工的类似。如果业主剥夺了装修公司的利润点，他们可能会故意使坏，比如把电工埋好的管子扎坏，故意往水电管里塞水泥……

当然了，对于改水电过程中的猫腻我们也不是无计可施。我们可以主动出击，开门见山地跟装修公司谈。直接说明不会砍掉他们的利润点——水电，但是水电改造过程中有权利要求工人按照业主的思路布线。

为什么要按照业主的思路布线呢？业主是专家吗？在这里再借用一下我老爸的理由：装修公司在布线过程中，会最大限度地延长水电线路的长度（水电按改造长度收费），所以，在以下三种情况下，业主都是专家。

1. 从A处到B处引线。正常的布线方式是在AB之间的墙上打洞（黄色地方所示），线路直接穿过即可。大部分装修公司的方案是让线路沿着墙，从门洞处绕过（黑线所示）。

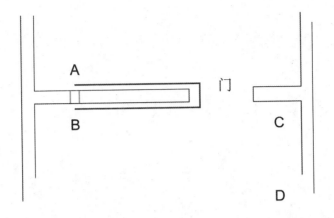

2. 从B处到C处引两条线。大部分装修公司的做法是每根线穿一根管子，美其名曰减少电路干扰，老爸以资深电工的身份建议：强电（220V）的话一根管子穿三条线是完全没有问题的。

3. 从B处到D处引线。相信学过小学数学的业主都知道，两点之间线段最短。一条直线足矣，装修公司的做法则是从B到C然后到D。

这些就是改水电的猫腻处，能把这些揪出来就可以了，大家也不要太过仔细，总得给装修公司留点猫腻，要不整急眼了对谁都不好。

除此之外还有一些老生常谈的问题，比如跟工长搞好关系，跟工人处好关系，这方面我的建议是软硬兼施。所谓软，就是对工人客气，待人礼貌；所谓硬，就是原则问题绝对不让步，要有理有据地跟装修公司力争到底。

用老爸的话说，这套方案是松弛有度。给装修公司留有一定的利润点，给工人留一点猫腻，但又不多。所以不会因为跟装修公司抠细节而累得遍体鳞伤、大伤元气，也不会因为完全放手而损失大笔银子。

**GAR⊛N** 佳话整体家居 **课堂总结：**

装修公司也要赚钱，给它们适当的利润空间，它们才能高高兴兴地帮你把家装好。买的不如卖的精，如果你眼睛里容不了沙子，跟装修公司抠得太死，它们总会有办法让你吃亏，为了自己舒心的窝，睁一只眼闭一只眼吧！

第四课

# 装修公司之海选

<table>
<tr><td>网　　名：</td><td>午后花茶</td></tr>
<tr><td>装大学历：</td><td>高一</td></tr>
<tr><td>所在城市：</td><td>北京</td></tr>
</table>

话说"三分材料七分装"，找个好工长是很重要的。早在收房前我就在搜狐装大论坛上发了英雄召集帖，让各工长发了报价过来。陆陆续续收到了很多报价，看得头都大了。除去价格特别高、工艺含糊不清和材料明显不好的，其实基本也差别不大了。现在价格都比较透明了，拼的也就是质量、服务和保障了。

本来想找朋友介绍他们用过的工长，结果问了一圈，基本都不推荐自己家的，看来真正的好工长还真是可遇不可求啊。那为何网友的装修日记里不乏对自家工长的赞誉之词呢？其中当然是有一些真的不错的工长，但是有些或多或少也有些猫腻的：

1. 某些装修公司应我要求发来的业主装修日记，一看就是自己或托儿写的。

2. 有些业主夸自家工长也不一定是本意。我就遇到过，日记里说得挺好，私下却告诉我，刚开始是不错，后来却很少露面，问题不断，还要求业主写日记帮他们宣传。碰上这样的，同学们可千万不能心软，要果断弃之并曝光。

3. 很多装修公司以折扣优惠等条件让业主帮忙宣传。其实这也可以理解，互惠互利的事儿。而且一般本来就做得不错，只不过业主再多加一些溢美之词，这里面水分多大，也就是作为参考，不能尽信。

就是因为这些因素，所以我压根不敢考虑"游击队"或是太小的装修公司。即便是有真好的，哪儿有那么多工夫去甄别呢？大的装修公司咱也用不起，性价比不高。最后范围还是缩小到网络上口碑比较好的几家。

问了好多人的意见，众口不一，总结起来基本分为两大阵营：

1. 搜狐装大上比较久的商家，参加装大活动的。优点是信誉好，管控有序，有稳定的装修队，解决问题也非常迅速，接不了的活儿宁可不接也不要影响信誉；另外有纠纷还可以找搜狐解决。缺点是价格相对偏高，而且听说因为做的时间久，现在材料也有些猫腻了。另外也有临时找"游击队"干活的情况，不知是否属实，总之自己还是得严格把关，不能太信赖施工队了。

2. 近几年的一些小装修公司，也是依附于网络生存，同样注重口碑。优点是性价比更高，为了打出品牌，材料也是真材实料的，服务也是很好的，得到了很多人的青睐。缺点是不参加装大活动，出了问题搜狐也不管，只能拼人品了，别碰上难缠的公司，咱可耗不起。另外，听说因为对客源的依赖度大，淡季养不了太多人，旺季人手不够会临时找"游击队"干活儿，所以施工质量无法保证。

根据我自己的情况，平时只有周末有空，根本没法一个个去调查了，心都不够费的，也没法盯紧装修过程，所以最后圈定了5家：gdc、bj、yst、lmy、工长俱乐部的田工长（字母都为装饰公司名称的拼音缩写）。

确定了范围，一家家接触，以下是接触过程和感触：

1. bj和yst，都是必须下了定金才上门测量的，而且量完不用就不退定金了。这点可以理解，毕竟现在人工费很贵，但我还是有些不满，觉得这样实在没什么诚意。好吧，虽然有些无奈，但还是让他们帮忙做了报价，挺细致的，漏项比较少。唉，有些小贵，超出了我的预算，而且很多东西还是要根据房屋情况才能做预算，这就是不能上门测量的坏处。暂时作为备选吧。

2. lmy家，老早就联系上了，价格相对便宜，约好了5月12号上门量房，让我提前两三天再联系确认。结果到时间了，公司QQ一直没在线，后来给刘总打了两次电话，每次都说一会儿回话，结果一直没打过来。这样的态度，只能放弃了。

3. 找上工长俱乐部，还是想看看这种模式到底怎么样。联系了他们的田工长，约了5月12号量房。

4. gdc家，也是很早就联系了，跟老板老高聊过几次，是个很不错的人。约了他家的小毕设计师5月12号来量房，他中间也一再确认过时间，表现得比较积极。

现在说说量房过程吧：

田工长周末都很忙，所以约了9点量房。开车过来的，路不太熟，晚了十来分钟。人很好，说话很客气，也没有传说中有些工长沟通不畅的问题。进屋后简单沟通了一下想法，然后问他腻子需不需要刮，这个是我们小区的通病了，验房时候就众口不一，我还想装修公司肯定会让我铲的，没想到他看了看，说不用铲，是耐水腻子，只是比较差，但是用个十来年还是没问题的。就这一点，顿时对他有了好感，不会随意忽悠加钱。另外，我本来打算在阳台做个悬空吧台，他还建议我可以自己去市场买，比他做的要便宜。好实在的人，嘿嘿。我家简单装修，他也只是简单提了点建议（立即被我们采纳了），也没提过做背景墙这样的增项。

只是说到地暖的时候，因为我家做薄型地暖，程序上跟传统的不太一样，田工长貌似没有相关经验，而且对于责任的划分也不甚清楚。

gdc家的小毕，本来约的10点，结果9：30就到了小区，因为田工长还没量完房，所以还让他等了一会。小毕看起来很年轻，不苟言笑的，但是量起房来很专业。沟通的时候，问得也很细致。在腻子的问题上，他的答复是目前看不用刮，但是需要到时候可以刷墙锢，可以看实际情况决定。对于地暖，他也是十分清楚流程，对责任划分也是十分明确。看来他家的管理流程还是更完善的。

当天晚上小毕就把设计图、尺寸图和报价都发过来了，效率相当高啊。第二天晚上田工长也发来了报价，不过说他们做不了图纸，呵呵，一个是理论派，一个是实战派。

总的来说，两个人的报价都做得很细，尺寸跟我自己量的也出入不大。但是在后续沟通过程中，感觉小毕还是对技术细节更专业些，田工长可能更多的是经验，有些细节还是有点含糊不清的。

经过几天的考虑，仔细的对比，最后我决定忍痛放弃田工长，采用gdc公司，祝我开工顺利吧！

**GAR N** 佳诺整体家居 **课堂总结：**

选对装修单位是装修成功的一半，所以大多数装友在这方面花费的精力都是最多的。建议有装修计划的朋友多在这个环节下点心思，提前了解考察装修单位都需要考察哪些项目、重点环节等。经过多方对比，认真分析，才能甄选出理想的装修队伍。

# 坑爹的装修公司

第五课

网　　名：无敌红太狼
装大学历：博士
所在城市：重庆
装修感言：用爱去建筑我们的家，
　　　　　再苦也是甜……

这几天连着接到电话和短信，说是××装修公司的，周末在一个酒店搞什么活动。这个不用说，肯定是开发商把客户资料拿来给卖了。我就想着，反正是要装的，去看看它这个装修公司到底是个什么情况吧。这一去，真真是不去不知道，去了吓一跳！！我的个天哪，有这么坑爹的装修公司吗？！

先说几句题外话，我弟弟在另一个城市工作，去年在单位修建的小区里买了套房，刚接了钥匙没几天，正准备搞装修。可是我这个弟弟呢，和我以前一样，是个什么叫踢脚线、什么叫包立管都不知道的装修白丁！他要搞装修，您说我能放心吗？正好这几天他回来休假，我就想让他也去看看这个装修公司，顺便给他讲解讲解要注意的地方。

我到的时候弟弟和女朋友俩人已经到了，人一去，很年轻的设计师开口就说现在在搞活动：设计费打折，定金交2000以后抵4000。我说你们动作很快嘛，我们小区还要过完年才交房，早着呢！设计师又说了：现在签合同很合算，马上要涨价等等，就是劝说签合同。我说：先给报价单看下行吗？

说真的，要是我没有在网上装修论坛学习，我肯定和弟弟一样什么也看不出来，就一堆数字和装修类专业词。可是我现在已经在论坛上学习了近半年，几乎把论坛十年来排得上号的前辈的日记看了个遍，包括专家们专业的解说、前辈们血淋淋的经验帖。所以，看着这个装修公司的报价单，我真真是很无语……

那份坑人的报价单不让拿走，我把我记得的说说：

水电方面，开槽9元/平方米。后面附加说明：若要求强弱电分开，则加5元/平方米。看到这，我心里就咯噔了一下，问设计师：要是我们不加钱，你们的标准是不是就强弱电同槽放啊？设计师表情僵了一下，可能没想到我能看出这个道，然后说：是的。这个破公司，这不是摆明坑人吗？懂行的人谁不知道强弱电不能放一起呀？要分开还要加钱，你就不能直接标开槽14元/平方米吗？

我心里一下子就把他们打入"冷宫"了，为了给弟弟解说，还是继续看下去。

再看下去就更心凉了，后面所有的工艺，要用到的材料，没有一个品牌的名字。如涂料、防水、水泥，所有用到的东西，没有一个不是备注：公司指定品牌的。木工用到的木材标注为：公司指定环保材料。看到这个真真想骂人啊，什么叫公司指定品牌？就是他们说哪个就哪个！

坑爹的装修公司！而且各种工费比包清工贵了一倍不止，有些高出三四倍。看着坐在设计师对面一脸茫然的弟弟和他女朋友，我完全可以想象他们回去之后去找装修公司时的情形，那真是一头纯洁的小白羊掉进了狼群里任人宰割呀……

回去之后告诉"灰太狼"，他居然问我：强弱电为什么不能放一起？我在跟他解释时心里无比地感谢网上的装修论坛！要是没有网上的装修论坛，这次我们得把家里弄成什么样啊？真是不敢想象……

这是我第一次接触装修公司，就彻底断绝了我找装修公司的念头。下了决心，我要自己装，包清工！

**GAR☀N** 佳诺整体家居 **课堂总结:**

现在网络如此发达，装修前，一定要上各大论坛充充电，学习一下诸位前辈的先进经验，不要单听装修公司的巧舌如簧，也不要单看各种套餐、优惠。只有自己明了了装修到底是怎么回事，才能看清装修的迷雾，占据主动，把握自家的装修方向。

第六课

# 装修公司, 无奈的选择

网　　名: maodaniang

装大学历: 小学六年级

所在城市: 济南

毛坯房让我傻了眼。我们一家多年来一直住着单位的公寓房, 从来也没有过装修的经历, 当然啦, 也就更没有装修的经验。什么全包、半包、清包, 连点概念也没有。

尽管之前去新房子的施工工地看过多次, 也知道我们买的是毛坯房, 但钥匙拿下来, 还是傻了眼: 这个房子和传统意义上的毛坯房还差得很远——地没铺、墙没抹, 没装暖气没装门, 厕所连个简易马桶也没有, 只是安装了窗子和入户门。现在看来, 没有这些倒是省了很大的事, 不用砸墙、刨地、拆暖气、换马桶了。但当时不懂呵, 拿到钥匙打开门, 眼前这个巨大的水泥框框, 像一盆冷水兜头浇下来, 兴奋的心情瞬间变成沮丧。

## 无奈选择装修公司

找了几个家里装修过的朋友, 想学习一些经验, 朋友们的装修经历五花八门, 综合起来有几种情况: 第一种, 那还用问吗? 装修当然得找装修公司呵! 找个好的装修公司，自己什么也不用管了，掏钱就是了，总共多花不了10万块钱！这个土豪，拿着10万当100元呢。第二种，我家找的设计师，材料都是设计师帮着买的，比我们自己买的还便宜，在商场转了一天，材料基本买全了，最后连家具都是设计师找人买的内部价。这个傻瓜蛋，被人家卖了还帮着人家数钱呢。第三种，建材商家搞活动时买东西，买谁家的东西谁家给施工，人家的工人都是专业的，相信商家，他们都是重信誉的。怎么觉得这么不靠谱呢？第四种，找了自己的熟人装修的，尽管质量不好，花钱还不少，但自己又不能说什么，这，这……唉，一声叹息！

这期间，接触了不少的装修公司，也没有理想的设计方案。在某装修论坛里找了名气很大的某工长，结果非常失望。朋友的装修公司，也没能指望上，还导致20多年的朋友断绝了来往。这种情况下，单位还要求5月1日把公寓房倒出来，那段时间真是心力交瘁。

返回头来，先前联系过的W装修公司不断打电话、发短信，嘘寒问暖，热情得让人无所适从。唉，用谁不是用啊，何况也没有其他应心的选择，就定了W公司。派给我们的设计师叫李某某，也真是尽心尽力，尽管我们考虑到花钱多，设计方案有些没采用，但后来同样房型的邻居采用了，效果很好。因为我用他们公司的项目少，之前一直和我们认老乡、对我们很热情的前台经理，开始变脸，还恶语相加，连之前设计师答应给申请百分之五的优惠也给搅了，气得我们都不想和他们打交道了，看设计师的面子，才签了那份合同。

## 让人纠结的木工活儿

开工后做吊顶和木工活。我家木工活少，只是一些套线和一个很简单的餐边柜，在这个施工过程中，我发现贴了木皮后，套线边沿不平整，和邻居家反复对比，觉得是木工没处理好，没有用刨子慢慢刨平，工长满口答应会处理好。结果，喷完了漆以后，这个问题并没有处理，反而更明显地显现出来，工长坚持这个不算事儿。气愤之下我给他们项目监理打了电话：如果你们W装修公司就是这个标准，我自认倒霉，谁让我不长眼睛找了你们，剩余的项目不要给我做了，我自己全部砸掉重做；如果不是这个标准，你想办法解决！项目监理态度积极，赶紧过来看了，连声道歉，说做的有问题，很爽快地让项目经理返工整修。返工后把边沿刨

平，刨下来好多的木屑，重新喷了漆。问题又来了，当时套线调色时，是参照了木门的颜色，木门的颜色是定了的，这样重新喷了漆，套线的颜色就重了些。唉，就这样吧，项目经理是给装修公司打工的，木工又是给项目经理（工长）打工的，都不容易，得过且过吧。

## 怎么能不贵呢？

这家公司在我们楼上做了不少活儿，后来的几家是看到前面几家的活儿跟进的。干活质量有保障，公司负责任，用着比较放心。但是，呵呵，但是啊，价格也真是够有保障啊。怎么能不贵呢？装修公司平时只是养了一些设计师和行政人员，拿到活以后包给项目经理，就是工长。然后项目经理再召集各个工种的工人施工，这些有长期合作的，有短期组合的。装修公司实际就是个皮包公司，层层扒皮呀。我家开工前设计师给项目经理交底时，共去了5个人：设计师、项目监理、行政人员、项目经理、木工。交代完了，干活的只有一个木工。我后来想，如果我们直接找到这个木工，那得少花多少钱呢?可话又说回来，之所以找公司，看好的不就是它的信誉吗？就像前边我家出现的问题，一个木工或一个工长能给负责吗？后来装修的朋友问我：装修找装修公司还是施工队？我说，有钱，还是找信誉好的公司，质量有保障，出了问题能负责；钱少，就找施工队甚至工人就行了。同一家装修公司，不同的施工队或者不同的工人，做出的活儿质量也不一样。我们楼上一个邻居，别人家都开工了，他家不急，各家挨着考察，取各家所长，结合自己的想法，挑选了自己看好的施工队，最后效果比大家的都好。这个思路，钱少时间多的同学不妨考虑。

**GAR☀N** 佳诺整体家居 **课堂总结:**

选择装修单位，要根据自己家的实际情况，无论哪种方式，自己都是家的主人，要多操心劳力才对。装修时你懒一分，入住后就会后悔十分。

第七课

# 小装修队麻烦多

网　　名：千年之后
装大学历：小学二年级
所在城市：长春

我家的房子是两室一厅，虽然面积才62平方米，但比上不足比下有余，三口之家也算过得去。由于荷包有限，装修时不敢找正规的装修公司，觉得过得去就行了，哪想到用小装修队却引来层出不穷的烦恼……

## 熟人介绍包工头

由于工作忙，装修时间又紧，我们决定听从朋友的介绍，采用正给他家装修的装修队（只有4个人）。一来他的装修已近尾声，二来感觉木工活做得还行，三来朋友一再说他们的价钱公道，态度也非常好。朋友还说："等完工交费时，我会把底价告诉你，你也照我的价给，绝对宰不了你。"于是，我只粗略地确定了大致的装修方案，三天后，施工队正式开工。

## 料里名堂真不少

木工一再嘱咐我们，买料一定要带上包工头，他会帮我们把关。
双休日上午，包工头带着我先生直奔离家一站之遥的建材市场，下午即满载而

归。先生告诉我，在建材市场走了个遍，谁家的料包工头都说不行，最后是在他认识的28号摊位买的。可是到了次日，把大芯板剖开一看，里面居然有大窟窿、小虫洞，着实上了回当。

几天后，新的料单又到，这回是买木线。包工头还是以挑料为名要求陪往。到了市场，包工头转来转去后找到一家，但到拿货时老板却变卦了，非要加钱。一气之下，我先生自己做主，改在邻摊买料。这回包工头一根一根仔细挑，直挑到夜幕降临，其他摊位都关灯锁门才罢。结账时，这家的老板大骂包工头不是东西，和隔壁店铺的串通整他："木料都是整捆卖，从未打开包挑着卖。隔壁和包工头是一伙的，包工头带客给他就能拿回扣。"原来三番五次地折腾，根子就在这里。

## 木工脾气大、难伺候

装修前就听有经验的人讲，木工难伺候，稍有差池，他就给你颜色看，在活儿上找茬。果不其然，一开始，窗户就让他一边使大芯板一边使五合板给做坏了。时至今日，不管多热的天，客厅窗户只能开一边，因为另一边挂不上纱窗。就这我们还得忍着气，赔着笑脸，生怕他在活上再搞什么鬼。完工后，又发现阳台门围是由木线拼接的，天花板上的石膏线接缝竟是用手指抹的！

## 恍然大悟已太迟

好歹终于完工了，由于连气带上火，我先生大病一场。结账时，朋友以前的承诺全都改了，什么"账不是我结的，你不能跟我比，我不知道钱给了多少"等等。没办法，我们只好按照清单一点点算价钱，一块块找毛病，终于从包工头开的价里减下1000元工钱。事后从包工头口中得知，朋友从他手里拿走了300元的回扣，原来如此！

记得我装修时，朋友家的天花板因别家漏水被浸湿，包工头从我家拿走几升立邦漆给他粉刷，我也没说一个"不"字。开始认为，他总不会跟包工头联手抬高价格给我设陷阱吧？这件事后，我与人交往时脑子里总会冒出几个问号，这就是装修留下的后遗症。唉，说来说去还是那句话："世上从没有救世主，一切都应该靠自己！"

**GAR☀N** 佳诺整体家居 **课堂总结：**

这次装修最大的收获是认清了一个所谓"朋友"的真面目。看有的装友总结，装修中忌讳熟人，我是深有感触了。

# 第二章 我的家，我做主

# "变态" 的空间改造

第八课

网　　名：金小虫
装大学历：博士
所在城市：北京
装修感言：人的一生中，必须有一
　　　　样不以此谋生的工作

关于房屋的空间收纳利用，是我在装修过程中思考比较多的一项内容，其实空间的利用并不是把房屋功能安排得越满越好，也不是所谓的合理运用每一寸空间，而是要学会在一定的空间范围内，最大限度地发挥其限定区域的作用，并且在利用空间的时候适当保留足够的空白区域。这是很多人容易混淆的。

所以在装修之初，我就对空间有着极其苛刻的要求，各种想法也是层出不穷，甚至好多地方有着近乎变态的要求。

常规的衣柜等储物空间我就不过多介绍了，我简单说一下我在装修过程中，硬生生抢出来许多本不应该存在的空间。

## 墙面 1cm 找平 (每面墙, 抢来空间 2cm)

装修在一步一步地有序进行中，在老房拆旧后，我仔细查看了原有的厨卫墙面，发现原有的墙面灰层特别厚，大概在3～5cm的样子。经过与工长协商，我们做出了一个决定，把厨房的所有墙面铲掉重新找平。使用1cm找平，找回损失的墙面空间。

因为是老房，砖混结构，工人说这个不太好施工，而且原有墙面平整度不行，我就告诉他找不平的厚度，打掉砖层再找。硬生生地用1cm的厚度把墙面找平了。

有人可能觉得这是一笔费用的支出，但是这个是为我后面更"变态"的墙面处理做的铺垫。因为我后面计划使用瓷砖薄贴法，而瓷砖薄贴的第一要素就是墙面平整度要达标。所以与其在原有基层上做找平，还不如铲掉原有基层再找平。

## 3mm瓷砖薄贴法（每面墙，抢来空间2cm）

如果用常规的水泥砂浆铺贴瓷砖，厚度都会在2~3cm，而我，采用了比较大胆的瓷砖铺贴办法——薄贴法，厚度只有3mm左右。

关于瓷砖薄贴其实并不能算作一个多么新鲜的名词，早在七八年前，欧美地区其实就已经兴起了这种瓷砖铺贴工艺。只是我们中国的施工人员都是相对保守的，不太敢冒风险尝试，再加上某些人以讹传讹的各种谣言，造成了薄贴法会存在甲醛的误解，导致这个技术一直都没能很好地推广。

但是据我所知，一些大型的装修公司已经把薄贴作为它们的施工标准工艺了，这种趋势以南方为最。我深信这是一种非常好的工艺，也是非常值得推广的，如果家里厨房与卫生间的空间不是很大的，不希望瓷砖的铺贴占用过多空间，那么薄贴法将是很好的选择。

所谓"厚贴"，就是我们传统意义上默认的一种瓷砖铺贴方式，主要是采用水泥与砂子按照一定混合比例均匀后，涂抹在瓷砖与墙面之间的一种施工手法，厚度都会在2~3cm。

所谓"薄贴"，就是配用专业的瓷砖黏合剂及齿状刮，在施工的基层，先将瓷砖黏合剂梳刮成条纹状。然后再按顺序将瓷砖以拼图的方式粘贴在胶泥上，采用揉、挤、压实、定位的干作业粘贴工法，施工过程十分迅捷，厚度都会在3mm左右。

有人可能要问，我们用水泥贴瓷砖的时候，涂薄一点水泥不就可以了吗？其实不然，之所以不能降低水泥砂浆层的厚度，是为了保证瓷砖粘贴的牢固程度。装修业经历了十几年的发展，早已经总结出一套完整的施工标准，这一标准往往是最为保险的经验精华。如果为了满足业主要求，减少水泥砂浆层的厚度，将有可能造成日后瓷砖起鼓、开裂等现象。所以使用单纯的水泥砂浆是无法实现薄贴的，那么想要实现薄贴必不可少的就是专业的材料——瓷砖黏合剂。

很多人担心薄贴会产生空鼓以及其他质量问题。在我家，经过监理的查验发现：卫生间所有贴砖墙面空鼓只有2个点，并且均在一块瓷砖的边角处。对于我担心薄贴是否会掉砖的顾虑，监理给的答复是："这种薄贴法，即使瓷砖一半空鼓，都不会掉，比普通水泥砂浆结实N多倍。"

当然与传统贴法相比，薄贴法的人工和材料费都要略高一些，但在日益昂贵的房价与越来越小的单位空间格局制约下，我更加愿意采用薄贴的方式来获得空间上的提升。

## 拆改烟道（抢来 15cm 宽、5cm 厚的角落空间）

老房的烟道是宽达35cm的烟道，经过咨询专家，得知这个烟道其实一定程度上可以缩减尺寸，所以我把烟道拆改后，重新砌了一个宽10cm的烟道。

我家的烟道是主副两个烟道，每层住户错层使用不同的烟道来达到止逆排烟的效果。因为我家在二楼，楼下只有一家使用烟道，所以烟道拆改影响并不大。

拆改烟道还有几个需要注意的事项：

1. 烟道改造前一定做好防止碎渣坠落的保护措施，防止拆改过程中产生的渣土掉到楼下烟道中，造成堵塞。

2. 弃用的烟道要做好封堵工作，我选用的封堵工艺是"塑料袋包裹挤塑板——填堵洞口——缝隙处打玻璃胶密封——石膏填堵"。

3. 最后根据墙面的情况，可选用水泥找平或者直接隐藏到吊顶里即可。

## 挖墙洞

我是一个懒猪，所以我设计的家一定要满足我偷懒的习惯。每设计一个空间的时候，我都会思考，什么样的设计才是最合理的偷懒，而非为了设计而设计。其实我们都知道，好的设计一定是从生活经验中得出来的。

所以卫生间里我特意掏了一个墙洞，因为我在洗澡的时候，习惯用手直接按压沐浴液与洗发露，如果这两个东西安装在角架或者五金件上，日积月累的按压会使五金件松动甚至坏掉。在墙上挖一个洞，然后把那些每天都要用的瓶瓶罐罐塞进去，再进行这样的操作就会非常牢固，而且非常方便了。

但是一定要注意挖墙洞必须是挖承重墙，而且一定要是老楼的那种砖混结构才可以，不能乱挖墙洞。

## 餐厅卡座

大多数人的餐厅都是椅子，我的餐厅设计成卡座，下面无形中就增加了储物空间。卡座的方案不是人人都适合的，要看自己餐厅的实际情况而定。我是比较喜欢卡座的，个人觉得这一设计尤其适合懒人。

## 阳台地台

很多家的阳台都是下沉一截的，然后大多数的阳台处理是下面填充陶粒，上面使用水泥找平。其实这也是一个可以利用的空间。

我家的阳台下沉了近10cm，我把原有的陶粒全都清理干净。继续保留这一截下沉的阳台。上面重新做了一个地台。地台的实际总高度是40cm，但是由于下沉的一截，从客厅看上去目测高度仅有30cm。

地台作为储物空间的同时，又担当着晾晒衣服的台阶。这样又省却了使用晾衣竿的不便。有人喜欢升降晾衣竿，但是我不太推荐这种东西。我个人实在不觉得晾几件衣服，还得在旁边好像摇动拖拉机似的摇上半天是多么高科技。

## 壁床

大多数的人家都是拥有次卧的，但是两口之家的次卧很少住人，如果单纯地选择一张普通的床，很浪费空间，因为很可能一年要闲置300多天。所以我在次卧采用隐形壁挂床的设计方案。当没人居住的时候，把床收纳起来，非常省空间。

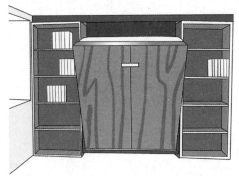 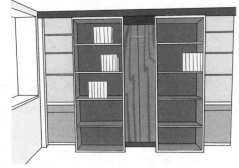

**GAR⚙N**
佳诺整体家居 **课堂总结：**

自己家的空间，想方设法利用到极致，在寸土寸金的高房价时代，空间的高利用率相当于省钱。我家83平方米的房子，不大，经常有狐朋狗友结伙儿来我家玩儿，但来过的人都不觉得拥挤，个人感觉最大的原因就是各个空间规划利用得比较到位。

# 新家畅想曲

第九课

网　　名：九月水蓝蓝
装大学历：高二
所在城市：西安

经过多方考察、对比，我决定我的家还是自己来设计。不自己设计说不过去呀，好歹咱本科学的是建筑专业，也算半个专业人士了。

## 如何自己设计

首先，看看家装杂志、逛逛卖场，确定你想要的风格。风格无非是欧式、中式、东南亚、现代、新古典、地中海、混搭这些吧，把握每种风格的基本元素，就能控制基本的风格不走调。家就是一个喜爱之物的大集合，所以也不要过于追求某种风格。

其次，和每个家人谈谈，了解他们的生活习惯，以及对家的梦想，以便在设计时加以实现。这个很重要，每个人的生活习惯不同，爱好也不同。例如我家小丫头就喜欢蓝色，所以她的卫生间我选用了水蓝色的瓷砖。我家老公喜欢投影、音响，这个前期布线就必须考虑。每个人需要几米长的衣柜，合计出来就是需要的储藏空间。我喜欢家里有大小两个洗衣机，前期也必须安排好位置。

再次，从网上下载AutoCAD14.0迷你版一个，这个软件很简单，很好学，用它就可以进行简单的够用的设计了。AutoCAD里的图层管理，特别方便设计家装，为不同的装修工序设计不同的图层，在一张图上重叠着画，需要看哪层就打开哪层看，很方便。

家装设计其实最应该由家庭主妇完成了，只有她最了解这个家。任何设计，首先要满足功能，其次才能追求风格，借鉴别人家其实意义不大，风格可以类似，但功能只有最适合自己的才是最佳的。我的方法是设计自己最需要的家具尺寸，再去订制或寻觅，我想让我买的更适应自己的需求。

## 风格决定方案

买房至今，闲暇时间看得最多的书，就是各种家居杂志了。我比较爱看的家居杂志有《美好家园》、《装潢世界》和《家饰》。

装修前，我最经常上的网就是无所不能的淘宝网（不是打广告，真的很强大）。

装修后，最经常上的网就变成了搜狐焦点家居装修论坛啦（真的挺温暖的一个家）。

看案例，收集案例，基本是我上网最主要的事情。

收集了好多好多的案例，至少有一百多个，没事就翻出来看呀看，在欧式、中式、东南亚、混搭间徘徊了好久。

## 心血结晶

通常是，很难有一个案例你从头到脚都喜欢，你喜欢的都是一个案例的局部。问题来了，如何把你喜欢的杂七杂八糅合到一起呢？这需要空间想象力，也就是所谓的设计啦。

空间想象毕竟不直观，效果图一般人也不会。这里教大家一个简单的办法，先收集好自己喜欢的图片，注意按不同的房间来收集，然后将它们在word里插入到一个页面，各种素材摆放在一个页面，就能比较直观地看出它们彼此搭不搭了。

经过漫长的思考和想象，我家风格大概确定为欧式，局部混搭。

然而这只是一个小小的开始，也可能一件喜欢的家具就会改变你全部的想法。下面要说到扫街啦……

## 方案前的扫街

在方案设计之前首先要看家具，不一定要在大卖场买，但必须在大卖场看，不然你看不出啥感觉来的。

硬装只是舞台的背景和幕布，家具才是这次演出的主角。

扫街重点需要看的家具：

1.客厅沙发。沙发基本决定了客厅、餐厅和开放式厨房的基本感觉，也包括对瓷砖、灯具、窗帘、墙纸的整体掌控，沙发就是客厅的灵魂所在。

2.卧室床。同样，床是卧室的灵魂所在。

3.书房书架。这个中式和欧式的感觉可是迥异呀。

至于其他小件家具建议在这个阶段就别浪费时间看了，没必要。个人不建议买整套的家具，那样家里超像样板间。家具也是要随缘的，不要为了买而买，要有那种一见钟情的感觉。

# 方案的确定

## 玄关的作用

玄关是室内与室外的一个过渡空间，中式民居的照壁就是玄关的前身，使外人不能直接看到室内，并有藏风聚气的作用。

简单地说，家里的玄关有两个作用：一是装饰，用于美化门厅这一方小天地；二是收纳，用于收纳家里的鞋子、伞、衣物、包等出门必备物品。

玄关需要规划鞋柜、衣帽柜、伞架、换鞋凳等家具。

分析下我家：

门口部位，开发商预留了做鞋柜的地方，沿进门右侧有一个高2.2米、宽0.4米的凹槽，刚好做一个大大的鞋柜。注意：开发商原来的门是内开的，占用室内空间，规划改为外开，这样鞋柜对面就可以放个换鞋凳。因为进门直接对着超长的过道，面对大门规划玄关一个，采用半遮掩型。

## 沙发决定客厅

客厅里最主要的家具应该就是沙发了，沙发的风格决定了客厅的整体风格。沙发的放置讲究方正围合，一般靠墙比较好。在客厅的设计中，首先要找到中心线的位置，基本上，大沙发、电视柜、大灯应该处于一条线上。沙发的形式一般分为U形和L形两种空间围合方式，具体应结合家里的实际情况决定。茶几和电视柜的风格应该和沙发基本保持一致，这一组家具最好是浑然一体的。在客厅的设计中，同时要考虑到家庭影院的设置，因为这个设备众多，线路复杂，可以考虑让专业的人员来设计，目前有专门做智能家居的公司。

分析下我家：

我家的客厅比较方正，外面连着一个大阳台，采光良好。沙发采用了3+2+1的布局形式，因为喜欢的欧式沙发一般都是这样一个布局。单人位考虑斜向布置，方便看电视，并设置脚榻一个，方便搭腿。在家里我是最不喜欢正襟危坐了，能躺着决不坐着。

### 餐厅和琴房

餐厅可以说是一个家里重要性仅次于客厅的活动空间了，大多数的家庭在吃饭的时候人最齐全。餐桌形式有正方形、长方形、圆形这几种。圆形需要的空间最大，适合人口较多、空间较大的家庭。正方形、长方形一般适用于大多数家庭，中式可采用正方形，欧式一般为长方形。餐椅的设置结合自己的喜好和家里的人口，一般选择四或六把餐椅。家里有小朋友弹钢琴的，或者未来也许会有的，还得安排一个放钢琴的地方，最好结合客厅布置，因为钢琴也算是一个提升整体设计品位的元素吧。

分析下我家：

我家因为把一整面墙打掉，并封了一面窗户，所以餐厅和原来的空中花园合二为一，形成一个开放的大空间。规划西侧靠近厨房处为餐厅，原空中花园改为琴房。

个人感觉餐桌不仅仅是一个吃饭的地方，也可以用来上网、做手工、画画、写作业、整理东西等。因为家里也只有这个桌面最大了，适合铺排一些东西。特别是，餐桌可以面对面坐着，比较适合辅导小孩子写作业。所以我家的餐桌考虑放置两把餐椅加一个休闲椅，休闲椅的舒适度比较高，适合长时间盘踞。做饭的时候，水蓝蓝小朋友在餐桌写作业，我方便监管。吃完饭水蓝蓝小朋友弹琴的时候，我也可以坐在餐桌旁上上网、看看书，方便同时监督弹琴。

### 厨房要不要开放？

厨房的设计要结合自己的生活习惯仔细思考，建议及早订下整体橱柜，请橱柜设计师出好方案。再结合家里做饭的、洗碗的成员的具体要求加以改进就可以了。例如：到底买哪种水槽应该由长年累月洗碗的那个人来决定。

决定厨房要不要开放的因素有很多：

首先取决于户型设计是否适合开放，如果厨房区域在一个非常独立的空间，门也不大，那开放了意义也不大。如果厨房和餐厅相连的面比较大的话，开放了就可以扩大空间。特别是餐厅不直接采光的，二者合一光线比较好。

其次取决于家里做饭的频繁度和饮食习惯。如果家里有人煮饭，天天三顿饭，每顿必炒菜，还是封闭式比较好。如果早饭是放心早餐，中午是单位食堂，晚上还有饭局应酬，周末则直奔爸妈家而去的朋友，我建议可以考虑开放式厨房加小吧台啥的，搞搞情调。饮食习惯也很重要，老外的厨房基本上就是全开放，人家基本不炒菜嘛，中国人就喜欢热油爆炒，区别还是很大的。当然，个别有条件的同学也可以中式西式厨房都上。

最后取决于个人对开放空间的执着度。比较务实以过日子便利为主的同学，会选择封闭式厨房。经常看家居杂志的同学，可能已经被无数的厨房图片洗脑了，厨房肯定是要开放的，有个岛台过渡，弄个小酒柜，整个小吧台，那感觉……

分析下我家：

厨房采光一般，一周仅做三四次饭，已被设计杂志洗脑，因此毅然决然选择了最不实用的完全开放欧式厨房，设计了个岛台，还买了个与之配套的华而不实的橱柜。厨房的家电也追逐了一下时髦，配置了电蒸箱、电烤箱，希望以后的饮食逐渐远离爆炒。电冰箱选择了简单的三开门，一是因为空间有限，一是希望改变冰箱里屯东西的生活习惯，话说没有冰箱之前，大家还不都是吃新鲜的东西，应该更健康呀。

## 大床决定卧室风格

卧室里最主要的家具应该就是床了，基本决定了卧室的整体风格。卧室比较大的可以考虑四柱床，空间感更明确，风格感更强。卧室比较小的可以考虑较为简洁的款式，可以显得房子比较大。床的大小必须提前考虑好，并扫街考察好。一般一米五的床垫，床是一米七左右，一米八的床垫，床是两米左右，这个必须预留好位置。卧室还需要考虑的家具有：大衣柜、五斗柜、梳妆台、小电视柜、床头柜、休闲沙发这几样，结合空间具体选择。

分析下我家：

我家卧室应该算是比较宽敞的了，所以选择了一米八的大床。个人建议卧室不要放电视，因为躺在床上看电视、上网啥的对颈椎不好，但很多朋友都喜欢窝在被窝里看电视。我虽然很少看电视，但喜欢窝在床上看书、绣花，貌似也对颈椎不好。床头柜不打算买对称的两个，受欧美家居的影响，计划一边放个圆的小几，上面搭上桌布那种，另一边放个小长柜子，希望能买到合适的。卧室北侧考虑放个五斗柜，因为不想拿点小衣服还要跑到衣帽间去。床尾凳暂定购买，一是装饰，一是睡觉时随手放点衣服。床对面还是预留了电视柜的位置。西南角考虑放个简单的小架子，作为进门的对景，好像有点拥挤了，后期买家具时再定。靠近落地窗放置休闲沙发一个，用于发呆……

### 儿童房的完全功能

家有小朋友，儿童房就必不可少，不同年龄阶段的孩子，对房间的需求也不同。

孩子上小学以前，一般不会单独住一个房间，这时候的儿童房主要以玩耍、睡觉为主，同时要考虑大人陪伴的休息空间。上小学后，儿童房就兼具了学习、玩耍、休息的多种功能了。设计儿童房，可以简单地考虑为一个单独的学生宿舍，以达到功能的完全性。需要考虑的家具有：书架、书桌、衣柜、床、玩具架。

分析下我家：

我家的儿童房应该是全家风景最好的一个房间了，窗户朝东北，正对小区中心绿地。设计将小床放在房间南侧，单边上下节约空间，衣柜和书桌在北侧一字排开。房间西侧打掉一米二长承重墙一段，做嵌入式书架一个，技术上比较难处理，留待木工师傅解决。东北角靠窗边设计地台一个，铺榻榻米，符合孩子的生活习惯，她从小就习惯坐在地上玩。地台下设计储物空间，以放置她无数的玩具、换季的衣物和使用过的书本。基本上，小卧室已经做到独善其身了。

### 书房与衣帽间

其实在现代社会，书房的作用真的已经不是很明确了。书房，顾名思义，放书、看书的地方。事实上，如今买书的人少，看书的人更少，所以，现在书房就有了另一个功能：上网，书桌也演变为电脑桌了。可是上网又有几个是规规矩矩地坐在书桌前的呢？除了写写东西，打打网游需要正襟危坐，大多数时候，很多人都是拿着笔记本歪倒在床上、沙发上上网的。书房有点像鸡肋，没有不行，有了也没啥大用处。

衣帽间这个算是目前最流行的替代大衣柜的产物了。个人觉得，如果家里空间不大，还是靠墙买个实木的大衣柜比较好用。但在北方如西安的气候和条件，衣帽间的卫生还真是个大问题，有门还是比较整齐干净。衣帽间的设计必须结合自己的生活习惯，简单地说，充足的衣帽空间应该是人均1.5米，小孩1.0米，放被子杂物1.0米，家里人越多需要的空间就越大。

分析下我家：

个人感觉还是一个比较喜欢买书的人，不过买了貌似也很少看，但现状就是家里的书比较多，所以感觉还是需要一个收藏这些书的地方。我家的书房经过反复的思考，最终还是委屈地和衣帽间挤在一起了，书房需要光线好，所以占据了房间的南侧，靠着窗口也好放个休闲椅，方便看书或者绣花。衣帽间放在原书房的北侧，中间考虑做个软隔断，例如一整面纱帘，方便采光并分隔空间。最终的效果就是我家的书房是个纯私密空间，完全隐藏在一个秘密的角落，还好，家里基本没客人，没有需要在书房密谈的。原来开发商留的衣帽间，也是不大不小的，很鸡肋。经过反复推敲，几易其稿，最终还是将其和书房打通，做了一个完整的大套间。这样衣帽间长度达到4.5米，我3米、老公1.5米，没办法，我衣服比较多嘛，在衣帽间同时放置换衣凳一个、镜子一个，力争达到功能的完全性。

### 储藏间的多功能

家里如果有条件的话，应该预留一间客卧，客卧的设计也应该考虑功能的完全性。如果能有一间单独的储藏间，那当然是最完美的啦。毕竟除了衣服外，家里还有很多杂物需要收纳整理，例如：出差要用的大箱子，一些欲扔未扔暂时还舍不得扔的破烂。

分析下我家：

我家因为人比较少，目前也没和老人同住，就是简单的一家三口，所以有一个小房间可以用来做一个多功能的空间。计划沿西侧墙面放置一排大柜子，方便储藏换季的衣物、换季的棉絮、大旅行箱和其他一些林林总总的杂物。之前一直纠结要不要将这间房和儿童房打通成为一个套间，让小朋友也提升一下生活品质。后来想到家里还是有来客人的可能性，还是预留一间能临时改为客房的房间比较好。所以在房间东侧计划买可折叠沙发床一个，平时当沙发用，来客人时打开当床用。靠窗户或放桌子或放休闲椅或者放个跑步机。

### 两个卫生间的必要性

现在双卫生间基本已经成为住宅的标准配置了，但有主卫客卫之说。主卫一般都和主卧相连，客卫比较靠近客厅餐厅这些公共区域。卫生间的设计必须依照开发商预留的管道来布置，特别是下水尽量不要改动。卫生间到底是淋浴还是盆浴，完全取决于自己的生活习惯，浴室柜到底是挂墙还是落地，也全凭自己的喜好。

分析下我家：

我家在孩子的坚持下，卫生间都包在了卧室里面，理由是，谁愿意晚上跑出房间上厕所呀？多强大的理由呀！还好，我家也的确不需要客卫，基本没客人。关于淋浴和盆浴，貌似我家也做反了，我和老公基本不泡澡，但大卫生间可以放下一个大浴缸，小朋友洗澡都要泡着洗，但小卫生间只能放下一个淋浴房。硬要换过来就是一个超大淋浴房和一个超小浴缸，貌似更不合理。只能这样了，我是多希望大卫生间又有个淋浴房又有个浴缸呀。人家老外都这样，叹气！

## 大阳台是花房

能有一个大阳台还不用在上面晾衣服的话，最好还是给家里做一个休闲空间吧。虽然，有太阳的时候你在上班，没太阳的时候你在被窝，但拥有的感觉还是不一样的，毕竟周末也不是都要回娘家，都要加班的呀。

分析下我家：

我家的大阳台算是我最喜欢的一个地方了，旧家在一楼，常年晒不到太阳，养的花儿都歪歪倒倒，呈停止生长状，新家终于可以大规模地养花了。大阳台还可以养鱼，旧家的鱼儿都住着小鱼缸，憋屈……新家也该换个大鱼缸了。

我设计的大阳台，计划有叠水、有石头、有大鱼缸、有好多花盆、有花架、有休闲椅、有小茶几，貌似又拥挤了……无奈想法太多了。

## 小阳台是洗衣房

家里必须有这样一个生活阳台，用来洗衣服、晾衣服、洗拖布、放自行车等等，最好是朝南，但无奈开发商不这样想呀，我见过的户型，这个阳台多半都在北边。

分析下我家：

能有一个小阳台可以在上面晾衣服，就这个简单的愿望，在新家终于实现了。因为一直用着两个洗衣机，一大一小，所以坚持在小阳台设计了两个放洗衣机的位置，小洗衣机旁边还设计了一个拖把池，计划买个漂亮的。小阳台还得安装热水器，也预留在拖把池的上方了。

**GAR☼N** 佳诺整体家居 **课堂总结：**

1. 学习下简单的制图，对分析自家房型很有用，还有可能会帮你省不少制图费。

2. 装修之前，对自家房子的客观情况和家庭成员的主观需求要有深入的了解。

3. 有些要求可能是你一直以来的小梦想，可惜因为各种原因，不得不放弃。装修难免有遗憾，开动脑筋，争取把遗憾降到最低。

## 第十课

# 因为爱所以爱，
# 为生活添一抹别样的色彩

网　　名：轻烟 bb
装大学历：高二
所在城市：西安

要讲述爱家的装修故事，得先介绍下背景。

两个本没有任何交集的人，人生的轨迹因缘分神奇地发生了交叉，在校园相识、相知，却也不可避免地要面临毕业时的城市抉择，我们都是独生子女，必须有一方牺牲，才能继续携手并进，于是，老公跟我回到了西安。再次面临的问题，就是老公父母远在家乡，孝顺的老公必须每年都回去至少一次，来回地奔波，让我们有点身心疲惫，在西安给他们安一个家，成了我的心愿。

因为爱所以爱，于是买下了这套94平方米的两居室的房子，圆了我们的心愿，也有了下面的装修故事……

我装修的整体思路，是思想先行，在实践中不断调整完善，也就是说，从设计到实施，逐步实现。

清楚自己想要什么，应该在什么时候，需要由谁来帮你做什么事情，需要配套什么样的资源支撑……理清这样的思路，我想，任何事情，都难不倒你！

最后整理出的装修的思路，用几句话概括：以舒适环保为目标，以各类性价比高的环保材料为主料, 以美式乡村的元素色彩搭配为辅料, 配以一些小心思的设计点缀, 再撒上爱的金粉粉, 辅以温热的火候, 让最后的回味一直盘旋在生活的每一步!

故事中不需要装修公司, 不需要设计师, 我的地盘我做主。从设计到实施, 如何逐步实现? 让我一一讲述给你听。

## 设计中的故事

因为从未接触过装修行业, 更别说家装设计, 又没有多余的预算来请专业的设计师, 我只有靠自己。

外行有外行的办法, 我用的就是"家具辐射法"。说白了, 就是要先选一套自己喜欢的家具, 通过家具的颜色和风格, 来决定装修的主风格和主色调。

当然, 你可以整套房子统一, 也可以同一视线空间统一, 不同视线空间不同风格。我采用最简单的, 整套房子统一的风格, 也就是说, 我整套房子的家具, 来自一家, 省事多了。家具选好了, 风格定了, 就可以在网上找一些该风格的成品设计图, 多看一些, 找相似和共鸣, 从而找到自己的灵感, 结合自己家的户型, 逐步地充实自己, 让家的感觉, 在脑海中成形。我最终选择的美式乡村风格, 倡导"回归自然"。在美学上推崇自然、结合自然, 在室内环境中力求表现悠闲、舒畅、自然的田园生活情趣的风格, 叫作美式乡村, 也叫美式田园。

我的小·建议: 第一次尝试, 还是不要混搭, 统一风格更容易一些.

风格选定了, 怎样将家里多个元素的风格进行统一呢?

### 第一是颜色

以家具的颜色为主色调, 同色系的颜色为辅色调, 对比色为点缀, 将家里的门、橱柜、门框、定制家具的颜色进行统一。很简单, 向家具商多要几个色块带在身上, 按照这个色块的色系要求其他供应商提供颜色。

例如我家的门、橱柜颜色, 都是这样设计出来的。

### 第二是造型

每类风格都会有自己的一些标志性造型特点, 例如拱形、田园窗、圆柱、波浪线等。为了迎合我的美式乡村风格, 在设计造型时, 这些我都考虑到了。当然, 也是和我的家具风格造型相统一的。

第三是软装

整体硬装上，统一了造型风格，那么软装上，就可以采用同色系来迎合整体，对比色来做突出点缀。我的美式乡村，以土褐色、绿色为主，在软装上，我采用了蓝色、暗红色为对比，绿色为搭配，并且乡村风格所需的条纹、碎花都一一运用。在不懂专业的色彩搭配知识情况下，我认为自己看着温馨、舒心，应该就是好的色彩搭配了。

心酸小·故事：

为了整体的风格统一，我的玄关柜和阳台柜，自己画了图，让木工师傅定做，可是这个颜色的喷漆，比我想象的难多了，第一次的成品，颜色差了很多，纠结了很久，我还是放弃了，重新做了一套，不能让这一点缺憾，成为每次看到都会郁闷的伤疤。

## 实施中的故事

知道了要做什么样的风格，接下来就是如何动手去做了，给自己找一个得力的工长吧，会事半功倍。各阶段的装修步骤如何实施，这不是我考虑的问题，会有专业的工人师傅帮我实现，我只要看材料和结果，所以我的实施重点，放在关注空间的设计施工上。

除了风格，装修还有一个重要问题需要考虑，就是房子的结构。如今的房子，寸土寸金，要让能利用的空间都利用上，才是硬道理。

首先我的考虑是：是否有浪费的空间可以利用。这种脑残设计我想各个房子都有，利用一下，就是赚了。我们家就有两块，厨房连着的洗衣间、餐厅和洗衣间之间的窗户。为了以后不用洗完衣服拎着跨过厨房、餐厅、客厅，跋山涉水地去阳台晒，我把洗衣间改到了阳台，把原来的洗衣间改成了厨房储物间。

餐厅和原洗衣间之间的窗户，也是个鸡肋，这里要窗户干吗？外面又不是外立墙，又不会有阳光进来，不能浪费，我把窗户改成了酒柜，同时也给餐厅增加了田园窗的元素。

其次考虑的是，房间的垂直空间也不能浪费。这个大家都会考虑到，可以做通顶衣柜、吊柜等。

再就是，边边角角的发掘。有没有拐角、凹进去的小区域等，可以再次利用。

我们房子阳台上有个空调外机间，好像现在很多房子都是这样设计的，放置空调外机之后，剩下的空间，也不能浪费了，我设置了个杂物间。

狭小的卫生间，根本没有放浴室柜的地方，于是拐角的下水管区域，就被我盯上了，这里改造后就成了我家实用的水泥浴室柜。

卫生间的干区，下水管子太低，如果吊顶采用普通的平顶，则会过于低矮，视觉和感觉上，都会不舒服，那么，变通一下好了，谁规定必须用平顶了？我用了屋脊顶，装上蒂凡尼水晶灯，竟然还有了地中海的感觉。

厨房中有块不规则的凹陷地方，造成橱柜的设计成了问题，最后改成了水槽区，配上一个斜着的水槽灯，非常温馨实用。

主卧阳台凹陷的地方，就地进行造型设计，放置了书桌。为狭小的两居室房子，开辟了独立的书房空间。

连餐厅的座椅位置，我也没放过，将常规的座椅改成了卡座的形式，既形成了家里的一道风景，又造就了强大的储物空间。

尴尬小·故事：

不是专业的，肯定有很多考虑不周到的地方，我在设计大衣柜空间分区的时候，就没有考虑衣柜门对抽屉的干扰，以至于我家的衣柜门装上后，所有的抽屉都打不开了，没办法，只好请木工师傅返工把抽屉改小。还有我那个很得意的酒柜，其实在分层时没有考虑到酒瓶高度，现在我的红酒压根放不进去，郁闷吧。

**GAR✿N** 佳诺整体家居 **课堂总结：**

我的装修故事，是自己设计到实施的实现过程，是心血的结晶，当然也难免会遇到困难，心态平和、沟通顺畅、情绪稳定、不要太理想化、实用第一、多方面寻求专业帮助，是我的一点心得。其实，我们不需要太把装修当回事，只要用心，我们每个人都可以将自己的爱家打造成自己最爱的角落，当然难免会有些考虑不足的地方，也不必太过介意。装修，不就是装了再修吗？过程中的所得，只有自己才能体会到。

# 第三章 水电问题根本上就是钱的问题

第十一课

# 水电问题
# 根本上就是钱的问题

网　　名：happinesecz@chinaren.com
装大学历：初二
所在城市：兰州

当初签合同的时候，明细项里有水电两项改造的预收款，共计四千五，当时我还问过设计师这个钱够不够，相对来说比较实诚的设计师明确地告诉我，按照你这个房子的设计应该是不够的，但是具体要多少钱，那还要再看了，我估计至少得翻一倍差不多。当时我心里还念叨，应该不至于吧，改个电线、改个水管的能有多少钱？

## 四千五，这真的是一个梦

虽然也看过很多人水电改造的日记，大家对水电改造这一块都是重点防范的，但是吧……你知道的，很多时候我们都是不撞南墙不回头的。

残酷的现实让我不得不告诉后来者，初期预算的水电改造费用，尤其是装修公司给你估出来的水电改造预收部分千万不要当真，那真的是预收，相当于买房子的首付，你要是认真了就输了。你要说三四十平方米的开间，可能1500元就打住了，但是你要说80平方米往上，请自己把水电改造预收这一项乘以2，如果是140平方米以上的，请自行乘以3，以此类推就是了。相信我，即便我去做装修公司，也不会一开始就把水电改造预收的费用明确地告诉客户，即便能够预估出来也不会说。因为这一项是整个报价里除了管理费外最难以让客户接受的部分。至于原因，请跟着老李流淌的眼泪往下看。

你问我最后花了多少钱，改了多少线？这么伤感情的话题有必要一开始就谈得很明白吗？说清楚了你还会往下看吗？我不知道你，反正如果硬要我想那个数字，我是没心情往下写的。答案我会在本回书的结尾部分为你揭晓，少安毋躁，我们先接着往下说。总之之前那四千五的预算绝对只是一个梦，一个只能在梦里梦到的数字，一个如果是真的就能让我在梦里笑醒的梦。

## 小科普，我们要改什么？

水电改造，顾名思义就是对我们可爱又可恨的新房子中所有的水电路进行一次彻底的改动。只要是想装修的人都不会看得上开发商留在屋子里的各种电路和开关插座的，至于水路的问题也是一样。

请记得这一点，盖房子的时候只可能按照一张图纸施工，现在的住宅楼差不多是三天一层的速度在起框架结构，内部的装修也是能快就快，想做到个性化施工实在是一个不靠谱的梦，什么易用性、方便性、人性化全都不在考虑范畴内。开发商和施工方考虑的要素只有两个：时间和钱，至于项目管理三角形的另外一个顶点——质量，就属于六十分必需，八十分最好，一百分不要的那种东西，其他的对于他们来说一概扯淡。

所以整个屋子里的冷热水管是肯定要跑的，上水口一般不动，但是可能要接出分支，下水口可能要进行调整、移位或者增加下水管路。不过原则上不建议做下水移位和调整，尤其是卫生间的下水，一旦出现了问题，麻烦实在太多，你不会希望自己家的卫生间长年累月地不关换气扇，不断清新剂吧？如果你对房屋的结构调整较大，比如说餐厅和厨房对调，卫生间扩大，或者用了所谓的空气能热水器、家用中央锅炉什么高端的玩意儿，那老李会紧紧握着你的双手，泪光闪烁地告诉你：恭喜啊恭喜，你这下子有的玩儿了，你一定可以成为真人版的超级玛丽了，那一堆的水管子将是你不得不去面对的麻烦。

而电路，包含了从入户电表箱之后的所有供电、照明线路，也就是传说中220V的强电线路；还有有线电视、网线、电话线、音频线、视频线、对讲机信号线等等的一系列弱电线路。与之匹配的还有一堆一堆的开关、插座、线盒、螺丝、硬质穿线管、软质穿线管、地插、空开、漏电保护的断路器……还要考虑到电热水器、电磁炉、空调之类的"电老虎"能不能吃饱，会不会出问题的问题，等等等等。

## 凡事预则立，不预则废

电路改造的一个先决性问题，就是怎么设计你的布线。这个问题请特别注意，不要完全交给设计方或者施工方。对于设计方来说，不了解你的生活习惯，而对于施工方来说，走线越多总价越高，当然利润也就越高了。所以你需要和设计师及家人一起先做好规划。原则上电路改造要多多考虑今后生活的便利性和添丁进口后的使用概率。老李的原则是能多做一些插座就多做一些，现在成本的支出，在今后使用中的价值体现会很明显，尤其是这些深埋在地下和墙壁中的各类插座，只可能在装修阶段做进去，一旦装修完成再想加线，您老人家就可以在屋子里玩"连连看"了。

老李吃亏实录一：我在装修初期忘记了冰箱和入户门禁面板之间的位置关系，导致现在所有的硬装基本完成时才发现要改一下线路位置，这就意味着刷好的墙面要有一部分重新开槽布线和刷漆……这就是个悲剧。

老李吃亏实录二：当初因为设计方和我都没有仔细看屋子里的地暖管线图，默认卫生间里是走了管道的，也就没有打算在卫生间放置智能马桶，自然也就没有在马桶旁边留出电源插座。可后来发现，卫生间没有地暖管道，我很不喜欢大冬天上厕所的时候那种风吹PP凉的感觉。各种方案考虑下来都不行，只好选择了安装智能马桶，但是问题来了，电源怎么解决？当时卫生间的砖已经铺设完成，而马桶旁边能走的线都被包立管的红砖和瓷砖封死了。不幸中的万幸是当时吊顶还没有安装，我和项目经理俩人儿历尽千辛万苦加碰运气，折腾了两个多小时才重新从包立管狭小空间内穿了一根线出来，担心钻眼打破卫生间竖立的下水管，真可谓是步步惊心，如履薄冰。

老李吃亏实录三：我放弃了原有浴室柜上的照明位，自行选择了更加喜欢和配合浴室风格的独立镜前灯，安装好后我才郁闷地发现，忘了考虑浴室柜镜子的高度，结果镜前灯上自带的开关只有我一个人才能勉强够到，你我不是姚明，开个灯都要踮脚，是不是太费劲儿了？改吧，还说什么。

## 布线设计

我家布线设计是这样的，客厅的弱电插座只保留视频、电话和网线，原有的门禁线从正面的墙面上改到墙的侧立面；在阳台柜的位置留一个插座，便于坐在阳台

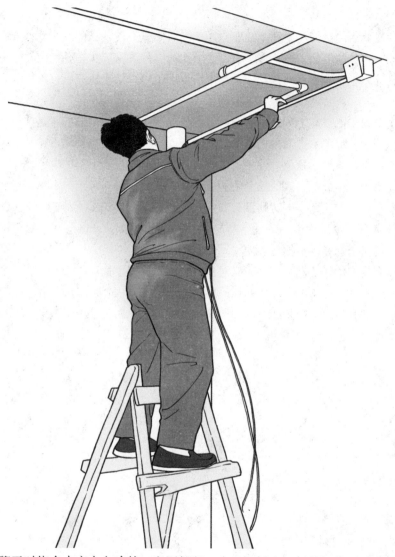

上喝茶聊天时烧个水充个电啥的。客厅保留一个空调插座，但是记住要过载能力更大的4平方米的线，无论是柜机还是挂机都是用电大户，用电安全还是要保证的。而电视墙上因为要用到文化石铺面，所以不大好用排插，只好多留两个五孔插座，不足的部分用插板吧，好在有电视和电视柜挡着问题也不大。而且电视柜这一块是用电的集中区域，电视、机顶盒、音箱、功放、DVD、HTPC、路由器什么的着实有些多，所以即便有插排也不是很方便。我个人还是倾向于用质量好一点的，带漏电保护、过载保护和开关的插板比较好。这样出门的时候就不用总是跑过去拔插头了。

沙发背后的区域放了两个插座，用于平时手机充电什么的。毕竟沙发一放就挡死了绝大多数的墙面，插头多了也没必要。所有的卧室床头柜预留位置上方均有两个五孔插座，这样保证在插着床头灯的情况下还可以给手机充电，不用担心抢插头用。

主卧的小电视墙上预留了有线电视接口和一个同高度的插座，这样电视就可以挡住电视线，免得从下面的插座引线，不好看也不好用。电视墙下方预留了两个五孔插座，方便以后给梳妆台使用，或者是加湿器、吸尘器一类的电器使用。主卧阳台同样也预留了插座，目的还是为了方便。插座放得多一点绝对不是坏事儿。

用作书房和儿童房的房间没有放网线口，但是两面长墙上都各放置了两个五孔插座，考虑到今后用电脑的话，势必要用到大量的插口，也没有必要全用入墙插座，还是交给专业插板比较方便。

所有的卫生间、洗手台都给吹风机、电热水器留了插座。生活阳台给洗衣机预留了插座，更衣间给电熨斗留了插座。

而餐厅和厨房可能是我留下插座最多的地方。这两个地方用电的东西最多，什么电水壶、豆浆机、面包机、电磁炉、微波炉、酸奶机、多士炉、咖啡机、榨汁机、热水器，都有可能成为用电的家伙事儿，要是想边吃饭边打开小音响听听歌或者坐在吧台上上网什么的，没个插座怎么行？所以老李是一不做二不休，给这个区域安排了四个排插，每个排插有四组五孔插头，这样怎么着也差不多了吧，要是还不够……那也就只能这样了，我也不能拿排插当腰线玩儿啊，我答应电线也承受不了，是吧？此外还要记得考虑好冰箱放在哪儿，在预留位置的墙面上给冰箱开出插座。

## 一点不弱的弱电改造

说了一大堆强电的插座，你会发现好像我没怎么说弱电部分，是它不重要吗？当然不是，主要是因为我实在不想提……弱电部分的改造一点都不便宜，包括线材和插座在内往往都比强电来得贵。一米好一点的音频线价格可能要到十几元，如果是Hi-Fi用的线，可能一根两米的线就要上千元甚至更多；一根HDMI线没有个八九十元的你好意思说你买的是HDMI？长度呢？一米多点两米不到！一根超五类、六类的网线怎么着还不得5元一米？这还不算好几十元一个的插座呢。

没有个五六十万元的预算我是肯定不会做全屋的弱电布线的，不智能就不智能点吧。

原来的视频门禁入户线，要相当注意，一旦这个东西搞断你就摊上大事儿了，因为这些东西都是物业的人来维修的，弄不好又几百元就没了。因为要移位，所以需要2头、4头、6头信号线各一米，视频线一米。所谓几头几头就是几根线在一个线套里的意思。视频线就是共轴电缆，和有线电视一样。

## 让人头大的照明线

那么说电改仅仅是改插座吗？不，不，不，这么想是不对的，也是很危险的，因为它会让你对电改的工程量和费用产生极大的错觉。事实上大头的部分还有一块，就是所有的照明线路和开关控制线路。一般的照明线和开关控制先从原先交房之后的原始位置做就好了。但是！这个要命的又来了，你的各种各样的灯带怎么办？还有那些为了不在寒冷冬夜从温暖的被窝里跑出来去关灯的双控开关怎么办？还有原先没有灯线可是又要照明的灯具位置怎么办？那些形形色色的壁灯、射灯、筒灯怎么办？

这些都得重新布线。这些都是属于那种吓死人不偿命的改造部分。为了让老人和小孩晚上去厕所方便，我在生活区的走廊装了一个对客卫外面的照明灯的双控线，这一根线就走了小十米，你说要命不要命？当然你可以安装小的夜灯，但是别忘记这一路上本身是没有插座的，为了安夜灯你还得从别处引来线装插座，照明的效果还不好。咬咬牙，上吧！那些莫名其妙的一个月也未见得用一次的射灯和筒灯你真的忍心不要吗？装修效果好不好很大程度上是看灯光的，不相信你看看那些杂志上、网站上的装修案例，哪个不是灯火辉煌的才好看？就算是营造点暧昧的小气氛也得有各种各样的灯光作为辅助。

吊顶装好后再让电工在你要安装灯的地方开孔，所以你要事先想好，想在吊顶上装大一点的灯必须要提前在吊顶里用木工板做好背板，否则你有可能发现哪天回家地上散落着灯具的"尸骸"，那个时候你心疼的绝不仅仅是灯具，还有你的吊顶和地板。

这就意味着灯位你也要提前规划好，餐桌在哪里摆放，中线在哪儿就得对应着在顶棚上留线，要不然你会发现你的餐桌照明很别扭，一半是明亮，一半是黑暗，标准的"白天不懂夜的黑"，你敢让家里领导坐在黑暗的那半边吗？另外你用的餐桌灯是单线供电还是双线供电？我最初想用的餐桌灯是一个比较大的造型，所以只留了一根灯线，但是后来发现层高不足以用大的灯，而且显得餐区太乱，就换成了两个单头的吊灯，这样就出现问题了，原先的一根灯线不足，又只好在刷好的顶面上开槽布线……这个折腾劲儿。

麻烦还不止这些，你客厅的墙上要不要装壁灯？要的话装多高？离多远？和你吊顶上的筒灯、射灯会不会有灯光主照射区域的重叠？你装的壁灯位置会不会让你陷入那种放两幅装饰画太拥挤，装一幅装饰画太空旷的尴尬境地？这些灯线的位置如果安排不好，后期的小问题会影响你的使用哦。

## 不包含在"电改费用"中的电改费用——采购开关和插座

改完了插座，布完了线，你的工人会列出一张单子，上面写着所有你需要提供的开关、插座数量多少，什么规格，你要做的工作就是买！一般来说你会发现开关数越多的开关越贵、带了双控的要比单控的贵、触点式的要比跷跷板式的贵、金属质感的要比塑料质感的贵、带颜色的要比白色的贵、弱电的比强电的贵……总之就是你觉得好看的基本上都贵，你就可劲儿地纠结和跺脚吧。老李在别的事情上可能还会凑合凑合，涉及水电气的东西一般都不会凑合，安全是一个方面，耐用性是另外一个方面，那种用一两年就要重新换开关换插座的事情我可不干。钱没少花，罪没少受，腿没少跑，人还没少丢，绝对的赔本买卖。

电改的最后一步就是：空开，换还是不换？空气开关，简称空开，也可以理解成我们以前的电闸，这可能是用电安全的源头。看着原先房子里自带的空开，老李的心情实在是"美丽"不起来，纠结了半天还是咬牙跺脚换了。要注意的是，如果你要换空开，最好选择带断路器的那种，安全系数更高一些。买空开的时候一定要问电改师傅，一共需要几个，都是什么参数。除非你是技术宅而且专攻电气方面，否则真不大容易搞明白其中的区别。另外最好把你现有的空开和电气箱用高像素的手机或者照相机拍一张清楚的照片，让卖家看看，这样能保证买回来的东西确实用得了，装得上。

## 最容易出问题的水改

水改其实比电改说起来简单，无非就分了个上下水，上水里有个冷热之分而已。但是要命的是往往水改出的问题最多还最大，因为电改不好，顶多是烧了自己家的电视、电脑什么的。水改要是出了问题不光自己水漫金山，还容易泡了楼下的邻居。那你的装修费用会大大增加一笔。所以这也是当初选择大装修公司的一个重要理由，起码那个时候你还能拉个垫背的不是。所以说，装修有风险，水改需谨慎啊！

我房子里原先的管线不属于现在这种PPR管道，但是考虑到成本的原因，保留了一部分原管线用作冷水管。而所有的热水管和新增设的管线都用的是PPR，这样可以做热熔，也保证了质量。现在只要不是买的老式二手房，大多数都不再用镀锌管做水管了。铝塑管的使用也比较少了。而UPVC的冷热耐受性都不好，还有这样那样的健康风险，能不用也别用了。至于铜管和不锈钢管确实有很多好处，看起来也更大气，但是那个成本可能不是一般的家庭能接受的，所以一般情况下大家可能用的都是PPR管。

记得冷热水管一定分开就好，这一点还是要一开始盯着看看的，万里有个一呢，洗澡洗到半截突然爆管了……是先擦肥皂沫呢还是先去关总阀呢？另外管道除了类型的区别外，还有壁厚和管径的区别，一般来说壁厚大的承压能力强，管径大的在同一时间内单位截面上通过的水流量大。如果你有一条比较长的管线，那还是用管径大一点的管子吧，甭管是主管还是支管，不差那十元八元的。别让自己冬天洗澡的时候冻得哆哆嗦嗦的，水大点早点洗完或者暖和点不比什么都强啊。

其实做水路改造和做电路改造的道理是一样的，规划绝对是重点，而且一开始就尽量想得全面点、仔细点，定下来就别乱改了。老李的水路改造就出了两个问题，一是忘记在客卫放一个冲拖把的水管，导致最后是加了一根明管才解决的，虽然能用但是绝对不好看。想要解决这个问题就要敲了瓷砖开槽，想了想实在太麻烦了只得作罢。第二个问题更麻烦，在生活阳台的一面墙上想要出一根管子来做拖把池，但是和师傅沟通不到位，导致第一次做的时候没有一次性做好，等到发现的时候已经铺完了砖，结果只好砸了砖重做。但是这就埋下了隐患，由于防水没有提前做好，加上堵头的地方有一个很小的洞，直接导致从这个地方跑冒滴漏了不少水，而且直接顺着阳台的水泥板和瓷砖之间的缝隙渗了下去，泡了楼下邻居的厨房，吊顶里全是水，还得给人家刮了腻子重做。虽然这些活儿装修公司都处理了，没让我出钱，但是总归比较闹心，还差点影响了邻里关系的和谐。而且这个地方的管线最后处理完毕后还是出现了问题，进行了第二次返工。这一次倒是没有漏水，但是等到生活阳台的鞋柜安装上才发现，柜门打开的时候会和这个新加的水龙头打架，不得已敲了砖再挪动管子……这前前后后、反反复复的折腾就是因为当初的设计没有考虑周全。

我的厨房和客卫紧挨着，做水路改造比较方便，但是主卫离得比较远，想和厨房、次卫共用热水器的话大概要跑十多米的双线，不但水改的费用高，而且估计洗个澡还得等半天才能有热水，不是很方便，因此就放弃了这个方案，采用主卫用电热水器配合浴缸，次卫和厨房共用燃气热水器的方案，而生活阳台基本上就是洗衣服、涮拖把什么的，没必要做热水管，也算是省了点开销。

方案定下来以后就是施工了，水管的改造要比电路稍微容易些，因为基本上有水管尤其是有立管的地方都是要铺墙砖的，铺砖的水泥厚度足以把管子埋进去了，顶多就是在墙上浅浅地开一溜槽，主要还是和灰层玩儿命，不至于担心要打断钢筋什么的。真正的难度在管道接口的热熔上，热熔如果没做好，那管子可是会漏的。

所以找一个好的水改师傅是非常必需的。同时一般来说最好在埋在墙壁中的管线部分不要出现接头，接头多就意味着出现渗漏水的概率增大。一根PPR管的标准长度是四米，很少有谁家的墙高能超过这个尺寸，所以如果你的预算不是特别特别紧张，或者不是住大别墅，那么还是尽可能不要用两截管子接在一起后再埋在墙里，这点小钱节约下来的代价可能就是返工的一大笔支出，投入产出比严重不合理，古语云：两害相权取其轻，不可不思考啊。

此外我还想特别提醒一句，只要是走水管的位置最好都做防水，尤其是厨房和生活阳台之类的非浴室、卫生间区域。虽然装修公司会拍胸脯告诉你肯定没问题，但是你要知道，一旦渗漏的话有防水还能好一点。我的厨房和生活阳台就没有做墙面的防水，结果就出了问题。

# 上天？入地？你该怎么选

做水电改造的时候有一个重要的施工方案困扰了我们很多人，那就是所有的管道是升顶还是地埋？管线是取直还是走直角弯？在各大论坛和装修日记里，这个问题总是被不停地问来问去，争来吵去。但是老李对这个问题是这么看的，首先升顶还是地埋的问题有两个先决条件作为制约，一是钱，二是空间。预算严重紧张的情况下能节约的还是节约吧，至于出了问题怎么办那就是再说的事情了，只能走一步看一步，很难一步到位。而空间的问题更要命，因为要升顶就必须要藏在吊顶里，如果你要走的区域没有吊顶那就啥也别说了，地埋吧。也没听说过谁家为了走水管而专门做一圈儿吊顶出来的。

应该说升顶还是有好处的，毕竟一旦地埋以后想要做任何的改动、检修、替换都是不可能的，除非砸了地砖拆了地板，这个工程量绝对不小。尤其对于水路来说，一旦深埋后出现渗漏那就是泡了自己的地砖、地板和墙裙，又毁了楼下的石膏线、吊顶和墙壁，以及家具什么的，风险还是有的。如果预算还比较宽裕，不妨考虑一下升顶的问题。

再来说说线路是取直还是走直角弯的问题。所谓取直就是两点之间直线最短的直接表现，在改造线路的时候能够节约一笔费用。而直角弯就是所谓的横平竖直，一切都和墙壁平行或者垂直。这么走规整，尤其是弯头处没有明显的受力，不容易出现因为持续受力产生的结构性破损。说白了就是弯曲的时间太长管子接头撑不住崩开了，具体情况请以蹲便的姿势蹲十分钟，然后起来感觉一下自己膝盖和大腿有什么不同，大概就是这么个意思。我觉得横平竖直的直角弯还有一个好处就是比较好做定位，这样铺上地砖和地板后你比较容易知道这下面哪里有管线，避免因为某些原因不慎打穿管线造成破损。当然这么做的后果也是明显的，那就是费用增加。

水路改造完请记得最好做一下打压试验，看看哪里有压力下降的地方，隐患要早点发现早点排查，有些堵头、接口的地方可能是虚连接，压力小的时候看不出问题，压力大一点，持续的时间长一点可能就能看到问题了。

对于装修来说，水电改造的完成只是万里长征走出的第二步，但是对于我这篇超长的日记来说就要收尾了。我知道你没有忘记你关心的问题，我的水电改造一共花了多少钱？既然答应了，我一定会兑现的，请各位忍住你们想去上厕所的急迫心情，再喝一口水，坐稳了，抓好扶手或者身边可以固定自己的一切东西。我只要一分钟的掌声……见证奇迹的时刻就要到了！我总共的水电改造的花费是13000元，如果算上买的各类插座、开关和空开的话，总共的花费接近15000元人民币。这绝对是一笔大钱，也绝对是我一开始没想到的。

哪里是装修，根本就是在装钱啊！

**GAR N** 佳诺整体家居 **课堂总结：**

1. 在水电改造的过程中，如果遇到需要切割墙体的部分是要单独计费的，对比一般的地面、屋顶的穿线管跑线的价格，这部分费用更高，一般用于开设新的插座和开关。所以在做水电改造的时候要让施工方说明改造方案，有些布线需要从近地面走，有些则可以从近屋顶走，这样既可节约成本，也可减少对墙体的切割。毕竟在墙上开槽再用石膏回填不是什么好事儿。

2. 如果要用电热水器的话请一定记得，除了线要留成4A的外，买插座的时候切记买成16A带开关的，要不然可能插座是承受不了发热和电流负荷的。

3. 安装插座的时候，面板上的塑料袋先不要去掉，作为保护，之后的油工作业和壁纸完成后再去掉塑料袋安装。要不然你会发现传说中很容易就可以擦掉的乳胶漆和胶什么的都得自己一点点抠掉。

4. 不要忘记在浴室、卫生间和厨房这些需要铺了砖再装开关插座的地方，所用的固定螺丝是8cm以上的加长螺丝，要不然你会发现买回来安装不上去。买排插、地插的时候最好在一家买上配套的插座盒，否则很可能出现底盒与插座不匹配的情况，底盒大一点可能螺丝对不上，小一点那就装不进去或者会出现变形，导致插座和墙面、地面出现缝隙。

# 我的水电修改心得

第十二课

网名：懒手拙心
装大学历：博士
所在城市：北京
我的装修感言：投入地装一次，放入梦想

施工未动水电先行，水电未行家具先备，个人觉得这是水电设计能否成功的关键之一。

## 电改

电改心得一：家具订好，精确设计

我家的水电设计是早在水电设计师进场前就精确到了毫米的。由于我早在开工之前就订好了家具，才有条件做到精确设计，而不是等设计师来了用手一指：这里要个开关，这里来个插座，最后等家具进场却发现刚好差了那么几厘米挡住了插座，又或者等逛家具城才发现想要的款式尺寸和自己的预想有出入，最后只得在既有设计和心仪家具电器间做无奈取舍。

话说如果水电设计之前能把灯也订好那就尽善尽美了。我家虽订了家具却没订灯。这还是给我的设计带来了小小困扰。

首先我家阳台太窄，窗扇开开占了阳台一大半，窗高又决定了无法留出固定扇上量，这造成对灯的尺寸和位置要求相对苛刻。最后实际设计好的灯线位置虽避开了窗扇开启路径，但还是限制了吊灯的大小尺寸。假设能在水电改前连灯也订好，或许我能把它安排在一个比现在更舒服的位置上。

再有，我家1平方米的小卫生间里我设计了顶灯和镜前灯。但当顶灯装好后我发现已经足够亮了，完全没必要在如此小的空间里再安镜前灯。所以，镜前灯及开关就成了一处多余的设计。

还是在小卫生间，我的顶灯带排风扇，开关留在了卫生间门外。让我有些遗憾的倒不是开关在门外，而是没有给排风扇单独甩一个开关到马桶边，以至要开灯必开扇，要开扇必开灯。这和我节约低碳的设计观念不甚相符。

### 电改心得二：沟通细致，确保无误

说到尺寸设计，也许恰恰是因为太精确，我家起初和水电改工人的沟通险些铸成差之毫厘谬以千里的失误。我的设计尺寸是按照每个暗盒的中心位置标示的，而工人画线却是画到暗盒的外径处。由于每个开关面板约8cm×8cm大小，工人画出来的线每根都和我有4cm左右的误差。从后来家具到位可丁可卯的情况看，这4cm误差可以让我所有的设计都白费。幸而我那英明神武的老公在开槽前亲自拿卷尺测量了下，才及时纠正了这一可怕误差。提醒后面的同学一定要和工人沟通你的测量标准，避免误差。

### 电改心得三：三个直弯，一根死线

水电改，我家请的是知名水电改公司。那么有些同学所顾虑的和施工队伍间衔接矛盾在我家是否出现了呢？由于我家装修队和水电改公司工人的素质都不错，应该说总体没太多问题，但并非绝对没有。我家是老房翻新，又有墙体拆改，所以先入场的是我家施工队。砌完墙，工人先撤了，家里仍留下大量的水泥砂子。这给水电改的工人造成施工不便。工人为了便于施工也曾把砂子移到改完线的房间里。不过有一天老公下班回到工地却发现一处不该出现的绕线：本该是"一"字的线管却走了个"凹"字上半部出来。问之前干活一贯不错的工人为何如此走线，工人答因为水泥摞在屋中央，只好绕着走。老公说那搬开不就行了，工人答实在搬不动。其实这样走绕线还是很有限的，主要后果是一米之内2个以上直角弯就会成死线。如果是我在现场打电话给水电改公司老总，想必也会得到纠正。俺家那口子实心眼、不惜力，卷起袖子自己把水泥挪开一条缝。工人这回二话没说就给改一字了。

## 水改

### 水改心得一：座便下水，一个变俩

我家水改最大的成果要数卫生间一改二了。自从我家的双卫落成后，来参观的邻居真是人见人爱。有刚装完准备照我家重新来过的，物业的老陈更是每次来都赞不绝口，老公有回得意地说老陈一边往外走着，一边嘴里念叨着你太有才了！其实有才的并非俺家那口子，我才是设计师兼采办大员嘛，老公动手能力强、时间充裕，负责监督实施。但如此有才的绝非我本人，而是另有高人。

事情是这样子的，我家卫生间比较大，我想把它一分为二，变成两个卫生间，可两个马桶的排水设计成了技术难题。两个马桶将隔着一道新砌起来的砖墙分布在两个卫生间内，但现在只有一个马桶的主下水道，怎样让两个马桶排到一个管道里，且都不会出现冲不净的后果呢？

带着考察的心态，我像祥林嫂一样把我的问题不厌其烦地说给每一位专家：水电改公司的白总、监理，以及每一位面试过的工长。终于有位经验丰富的工长仔细看了我家的PVC主下水管后，提出将主下水管从靠近根部位置截断，直接接一个新的旁通出来，就可以接在侧排或后排马桶上了。这样一来，原马桶不移位仍是下排水，另一个马桶直接侧排到主下水管道，互不干扰、排水通畅。有了这个强大的排水方案，我的卫生间一改二计划就无往而不利了！在这里真要好好感谢他出的绝世好主意！

本排水方案不仅适合于像我这样一改二的情况，同样适合于需要马桶移位的卫生间。只要您家的主下水管是PVC材质的均可照此处理。注意移位距离应以3米为限，

用红砖砌墙，隔成两个卫生间

用楼上的下水管路来示意我家的情况　　　　　　在隔墙上打洞，截管后将旁通接到新建的大卫生间

否则将影响排水。

当然不到万不得已我并不推荐马桶移位, 因为无论后排还是侧排的冲净效果都比不过市场主流的喷射虹吸下排马桶。毕竟马桶如果经常堵塞可实在太糟心了!

*水改心得二: 隐蔽水箱, 壁挂马桶*

下水问题解决后, 我开始考虑新增的马桶用什么样的。

这东西唯一获得全球公认的品牌是原产瑞士的吉博力水箱。由于该水箱一体成形, 除了水箱按键(被称作面板)外没有接口, 可最大限度降低水箱本身的渗漏风险。该水箱自带一个钢架子固定在背后的墙体及地面上, 需要背靠承重墙以膨胀螺栓固定钢架以免倾倒。而壁挂马桶通过螺杆固定在钢架上, 由于钢架的承重靠落地的底座, 而非墙上的螺栓, 可承重400kg。市面销售的吉博力水箱分二代和三代。二代的高1.2m, 三代高80cm, 适合于放置在窗台下。虽然据销售说二代三代没有明显的冲力差

别, 不过40cm落差必然会存在水压方面的差异, 既然我不需要安在窗下, 当然首选二代。改好的旁通连接到挂便下水口, 大功告成!

最终我是从淘宝卖家买的吉博力水箱。起初从淘宝买这么个有可能出安装售后问题的大件还是很有顾虑的。后来和一位朋友聊起来, 他说曾咨询过这家服务很不错。负责设计安装的小李接触下来也让我感觉靠谱, 于是乎毅然决定在淘宝上购买, 比实体店节省1000元。小李一共上门三趟, 水路设计一趟, 水箱安装一趟, 假墙立起贴好砖后再上门负责安装挂便一趟。如今, 挂便安好已有一个月了, 未出现任何渗漏。

顺便说一句, 不管是实体店还是淘宝店均不负责截下水管, 它们不是专业干这个的, 怕担责任。下水管道的截断和接旁通至水箱位置是让我家做水电改的公司干的, 收了640元。

那么挂便有哪些缺点呢?

1. 因为不带虹吸功能, 所以感觉不如下排的冲水痛快, 不过冲净还是没问题的。

2. 价格方面, 一只挂便本身倒不贵, 我家的挂便器也就1000元冒头。不过再加上吉博力水箱, 那就贵多了……那也还是比科勒五级旋便宜不少。

3. 该水箱不宜使用洁厕球。

4. 最主要的问题是有安装隐患, 这个只有靠时间来

完成后的效果

慢慢检验了。

*水改心得三：百密一疏，差一地漏*

我的大卫生间在安装吉博力水箱的位置原来紧挨着有俩下水口，一个被我移到东北角做了水盆下水，一个移到西北做淋浴房的下水。

水电改结束后，施工队重新登场，瓦工万师傅看了水电改后，建议说可以在淋浴下水的管路中间增加一个地漏做整个卫生间的地漏。这个地漏被我彻底忽略了，一经提醒才如梦方醒，我差点要整出一个没有地漏的卫生间呀。于是万师傅帮着买了三通，把管从中截断，加了这个不可或缺的地漏出来。陈工长事后不仅没收我工费，干脆连材料也一并赠送了。万师傅贴砖时又多了一个需要切割的地方，多有爱的自找麻烦精神呀。

*水改心得四：万用水改，双向设计*

我家的家具是预先订好的，可是浴室柜却还没订！于是小卫生间那个狭窄的角落，该在哪面墙上留水口引发了我和老公间的拉锯辩论，一直到水电改师傅按照老公的授意把上下水口改到了东墙上。我回家一看强烈反对，老公拗不过我，只得答应第二天让师傅再把上下水改到南墙上。

第二天下班到了工地一看，这家伙居然还是留了一手。昨天已改的上下水他让水电改师傅保留，同时又让师傅按我的意见在南墙增加了一套上下水出来。然后得意扬扬地向我显摆，怎么样我设计的万用上下水？这回买了啥样的浴室柜都能装上！最终，实际投入使用的还是我设计的那套上下水。不过老公的双向设计也没完全白费，由于我在小卫生间同样遗漏了地漏，他设计的下水口歪打正着刚好成了地漏。

**GAR⊛N** 佳诺整体家居 **课堂总结：**

我家的水电改造还算成功，入住到现在没有太大的不便。我的经验是装修前一定要多问多听多看，博集众家所长，才能换来自家小窝的舒适。

# 我家的防水 DIY

**第十三课**

网　　名：夜静
装大学历：初一
所在城市：石家庄
装修感言：让装修来得更猛烈些吧！

**我**家的水电终于改完了，下面一步是刷防水，装修公司的师傅报价1000元。看看自己不断增加的预算和存折上不断减少的数字，我家老公说这钱咱自己挣了吧！

于是在这个光荣的五一劳动节，将孩子交给公婆，我和老公开始了有史以来最"光荣"的一个假期。先在网上学习了无数前辈的装修日记，去建材市场采购了材料和工具，收拾齐备之后就直奔工地开工。

先来看材料："水不漏"2千克装4袋，"好仕涂"20千克装1桶，羊毛刷两把，脸盆两个，我家小妮的玩具水桶和水壶各一个，笤帚一把。

先上重型武器——笤帚，一阵尘土飞扬，乌烟瘴气之后，终于初见成果。

然后上精细仪器——羊毛刷，依然是很有"收获"。于是用羊毛刷刷了一遍又一遍，这也就是给自己干活，估计给别人才没有这份劲头。

清扫是一个非常枯燥、辛苦并脏累的活，一遍一遍地刷，我腰都直不起来了，这个时候才认识到，这个钱真不是这么好挣的，太辛苦啦！

之后"水不漏"就开调了，这种材料凝固得很快，所以刷起来动作要快，如果你不在几分钟内把它刷好的话，那等待你的就是一个一个的小泥块。第一次调好的材料快刷完的时候，老公说："你怎么还调进去个石头啊？"我那个冤枉啊！

多次尝试之后，终于摸索到诀窍就是少量多次！不要怕费事，带个小工（比如我老公）使劲使唤。在这儿我非常推荐儿童玩具桶，大小合适，拎着来回移动也不费劲，真是居家旅行必备之利器啊！不过，今年夏天又要重新给闺女买套挖沙玩具

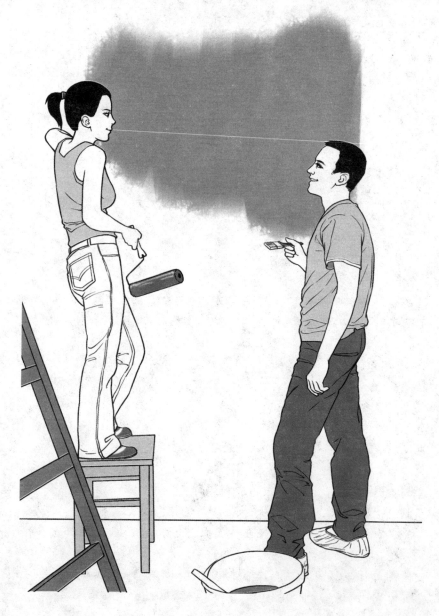

啦!

终于轮到刷"好仕涂"啦,那小水桶已经面目全非不能再用了,只好牺牲了我家小妮的小喷壶,本来就是想洒个水就完了,没想到啊,居然派上了大用场——调好仕涂!不过也是难逃面目全非、光荣下岗的命运!

跟刷"水不漏"比起来,刷"好仕涂"简直是种享受,不用像榨汁机一样搅拌,打仗一样地涂抹,可以慢悠悠地涂来抹去,真是轻松。我在刷的时候,我家老公一直郁闷只有一把刷子,不能一起过瘾,于是在旁边不停地说:"你累了吧,我来吧,啊,我来,我来!你歇会儿!"最终在他的多次、主动以及强烈请求下,我当起了监工,看着他像上发条一样刷完了两个卫生间。

整个工程做下来花了两天的时间。说实话,这钱真的不是那么好挣的。第一天干完之后,第二天起床浑身疼。不过,看看自己的成果,觉得还是非常有意义的,最起码装修工人不会像我们这样精工细作、用料实在。

其实刷防水并不是难度太大的活,不过确实需要耐心和体力,工人师傅挣得确实是份辛苦钱。有机会的话,两口子一起干吧,会很有乐趣,大家一起DIY吧!

**GARON** 佳诺整体家居 **课堂总结:**

1. 材料准备齐全了,干活的时候会更顺畅。比如刷子可以多准备几把,我家准备了两把,一把刷完"水不漏"之后没有及时刷出来,结成了硬块,丢出去能砸死人。于是刷"好仕涂"的时候只有一把刷子,两个人不能一起刷,不过也多了一些你争我抢的乐趣。再比如准备一套合适的调材料的容器。

2. "水不漏"真的是迅速结块,每次调都要少调一点,刷完再调。我家老公第一次就是贪多嚼不烂,结果在小桶下面结了一个大大的硬块。

3. 看搜狐装大论坛上,有同学说"东方雨虹"不需要加水,经过实践检验,第一遍如果不加水的话,会非常非常难刷开,稍微调一点水,大概1:0.05或者1:0.1。一遍刷开之后,第二遍再刷就顺畅了很多,可以厚厚地刷一层。

4. 最好准备口罩和帽子。扫地的时候不用力扫不动,用力了就是乌烟瘴气,还是带上个口罩舒服点,至于帽子,那种报纸折的就可以,不然的话,你会发现你一场活干下来头发都白了。

# 隐蔽工程施工跟踪纪实

**第十四课**

网　　名：君之友
装大学历：初三
所在城市：河南郑州
装修感言：勇敢面对，把家装当作一件
　　　　　快乐的事情

房屋装修中的隐蔽工程，我认为主要是指那些前期施工完成后再用其他材料覆盖起来，而表面上却无法看到其"真容"的施工项目，最主要的就是水、电、暖、通信管线以及相关部位（如卫生间、厨房、阳台等处的墙面、地面）的防水工程。隐蔽工程所使用的材料是否合格、施工是否规范是确保质量的关键一环。隐蔽工程完工后，一旦发生质量问题，就必须要在排除故障后重新进行覆盖，因此就会不可避免地造成返工和人力、物力、财力的浪费及损失，甚至可能难以恢复原状，接踵而来的就是带给我们的痛苦和烦恼。

## 一朝被蛇咬，十年怕井绳

人们常说"一朝被蛇咬，十年怕井绳"，这话一点儿不假，对我来说更是感触颇深。话说1999年5月，我异常兴奋地拿到了单位分配的"福利房"门钥匙，经过简单装修、通风三个月后便住了进去。当时，我还没有"防水"这个概念，也不知道开发商有没有在相关部位做过防水处理。结果入住不到一年时间，便出现了卫生间隔壁衣柜发霉的问题，而且日趋严重，以至于柜内无法放置任何衣物。万般无奈，我只好请人把卫生间墙面、地面上的瓷片全部打掉，连吊顶也拆除了，然后重新用水泥刷墙后，再全部粘贴上新买的瓷片。如此一来，花费了我不少的时间和银两，但效果依旧不够理想，最终也没能彻底根治衣柜"返潮"的问题，竟至于到现在都无法正常使用。更"杯具"的是，那时时兴制作固定衣柜，就是将衣柜固定在墙壁上，不能来回移动。如果要拆除掉就一定要补装修，但已很难再与原来的装修风格协调一致，除非是整个屋子全部重新装修一遍。您看看，这是不是非常麻烦呀？有了如此教训，我对这次装修隐蔽工程真的是高度重视，慎之又慎。俗话说"耳听为虚、眼见为实"，为了确保隐蔽工程质量，做到心中有数，我整日泡在施工现场，目睹各项隐蔽工程使用的材料和施工全过程，生怕出现一点点儿失误。

水电改造，降"龙"伏"虎"

但凡有点儿生活常识的人都知道，水、电是我们日常生活中最基本、最常用但也最容易带来安全隐患的一件大事，可以说，"水龙王"、"电老虎"都是我们十分敬畏的"大人物"。毋庸置疑，水电改造绝对是家居装修的重中之重，容不得半点儿马虎和粗心大意。对此，我也是格外重视，下决心一定选择正规公司和熟练工人来做。经过一番考察，我选择了一家论坛内口碑不错的专业公司（我女儿家装修时曾与其合作过），并要求其务必安排"老师傅"来干活儿。经双方协商同意后，老板亲自上门儿进行了现场勘察，并签订了施工合同。事隔几日，商家便安排两位工人师傅进场施工，电线、管材等使用的均是国内名牌产品。按照事先确定的水路、电器开关位置，师傅们先是确定了水、电路走向，并在墙面上打好墨线，然后用电锯沿墨线在墙面上切割开槽。在施工过程中，虽然开槽时会扬起大量灰尘，但我仍坚持戴着口罩蹲守在现场，以保证与工人师傅的及时沟通，发现有不合适的地方或有临时变动立即进行更正。两位师傅倒也很能理解业主的心思，对于我有不解的问题马上给出解释，并不时提出合理化建议，力争做到更加完善和符合我们的意愿。经过两天的紧张施工，我家水、电改造顺利完工。最后，分别进行了电路测试和水路打压试验。电路测试没有问题。水路打压至10千克，一小时后压力表显示没有任何变化，表明无管道渗漏现象。看着那些横平竖直的水、电管线和安装定位的开关插座暗盒，感觉还是比较规范、整齐，且符合原有设计安排，我对工程质量还是相当满意。

送走了工人师傅，我抓紧把水、电改造的管线分布情况分别进行了拍照和录像，并对一些重要部位、节点进行了"坐标定位"（就近找出"标志物"标明直线距离），然后同施工单位给出的施工图纸（电子版）各备份一份后存档备查。

## 安装地暖，持久之计

地暖施工与水电改造施工用的是同一家公司。我对安装地暖的重视程度，一点也不亚于水电改造施工。因为我家铺的是瓷砖，假若地暖一旦出现裂管、漏水事故，不仅会殃及楼下邻居，还要砸毁铺好的地砖，经济损失自不必说，单是那引起的麻烦事可就大了去了！因此，我除了提前选定好施工材料外，还全程监督了整个施工过程，其大体步骤如下：

第一步，施工人员就分水器安装位置、管路分配、是否安装混水泵及其他施工建议等内容与业主进行沟通，确定施工方案。

第二步，在适当位置将分水器用膨胀螺栓固定在墙面上，结合我家橱柜安装、使用情况，分水器安装在厨房。

第三步，在入户门处凿刨出供暖入户管道，然后切断原管，用热熔器重新熔接新管（PPR）并连接至分水器。

第四步，铺设苯板，主要作用是隔热，防止热量往下面楼层走。

第五步，再在苯板上面铺设反射膜，并用宽幅胶带将接缝粘住，主要作用也是防止热能下行。

第六步，铺设暖气管子（商家承诺保用50年），并用专用卡子将管子固定在苯板上。我家两室两厅加卫生间共五个独立空间，因考虑到每路管子太长，传导慢会影响集热效果，我选用了五路分水器，分配情况是：主卧、次卧、卫生间各一路，客厅劈出三分之二部分与阳台共用一路，餐厅与客厅剩余部分共用一路。这样布局就比较均匀、合理。

第七步，在铺设完每一路管子后，管子两端要分别连接在分水器的进水口和出水口上。

第八步，地暖管儿全部铺设完毕后，我及时将现场情况进行了拍照存档。随后，工人师傅进行了管路打压试验，压力表显示为6个压，据说已经足够用了。

第九步，也是最后一道工序，即地暖回填。我家房屋套内面积约70.44m²，共用了12袋水泥、12袋石子、59袋大砂。回填完工后，由我们自己根据天气情况及时洒水进行保养，让回填水泥更好地凝固，凝固期通常为5~7天。

## 防水工程，细针密缕

有了上面提到的那次被"蛇咬"的教训，我暗下决心一定要把这次装修的防水工程彻底做好，绝不能重蹈覆辙。涂料要选个大品牌，商家要找个可靠的，施工要找个好师傅。最终，我选定了一家国内某知名品牌的防水涂料，又选定了搜狐家居郑州论坛里信誉度很高的一家专业防水公司。老板不仅为人实在，而且很负责任，曾在地暖回填施工前就及早提醒我，要特别留意拟做防水处理部位的回填质量（要求回填到墙边儿）。回填完工后，老板便迅速派工人师傅上门做防水施工前的勘验工作。没想到，他们对防水施工的要求还真挺严格呢！师傅来到我家后，评价地暖回填质量还算不错，并爽快地帮我把卫生间、阳台、厨房水槽等拟做防水之处和墙面上的管线开槽用砂灰进行了封堵，接着又对墙边儿周围逐一做了必要的修整和精细处理。

四天后，我家开始做第一遍防水。工人师傅先是听取了我对防水施工部位的大体要求，同时提出了他们的一些经验和建议。经过简单商议，我们很快商定了施工方案，并丈量了防水施工面积。不瞒您说，卫生间安装喷淋的一侧墙面防水高度本来只需做1.8m就可以了，但我硬是要求做至2.2m，其他三面墙壁也全都适当加做了高度，此外还在阳台和厨房水管总阀门处加做了防水。虽然会多花一些银两，可我内心感觉很踏实。可以说，在防水问题上，我真的是不惜"血本"啦！这也许正是

"一朝被蛇咬，十年怕井绳"的缘故吧！

接下来，工人师傅便正式开始进行基层处理，主要是用水泥砂灰修补墙面和地面上的小孔洞。然后，再把墙面、地面上凸起来的水泥疙瘩铲平、刮净。而后又用毛刷儿把墙面、地面上的灰尘、垃圾彻底清扫干净。紧接着，便是在管根儿、阴阳角儿、地漏等节点处涂刷"堵漏宝"。约半小时后，"堵漏宝"已基本凝固。这时，工人师傅当着业主的面启封带来的防水涂料，按一定比例兑水搅拌均匀后，开始用宽幅毛刷在确定好的施工部位进行均匀刷涂。

完工后，工人师傅告诉我，第一遍防水一定要等到完全干透才能涂刷第二遍，时间大约需要3~4天（视天气情况而定）；第二遍防水至少也要再等上3~4天，只有等到完全干透了之后，才能进行其他后续项目施工。四天后，工人师傅来家做了第二遍防水，做完之后看到防水部位犹如涂上了一层厚厚的乳胶，干透后摸起来还富有弹性。纵观整个防水施工过程，给我的总体感觉是：产品质量好，施工操作规范、细致，工人师傅认真负责，服务周到，让人十分放心和满意。入住至今，目前尚未发现任何质量问题。

**GARON** 佳诺整体家居 **课堂总结：**

隐蔽工程是装修中的头等大事，也是重中之重，任何人都不可小觑，任何时候都不能疏忽大意，任何环节都要确保施工质量，一旦被"蛇咬伤"则后悔晚矣。做好隐蔽工程，关键是要认真把握好三个环节：一是优选工程材料；二是优选施工单位；三是优选工人师傅。上述三个环节互为条件，互为因果关系。此外，还应加强现场监督检查，做到心中有数，发现问题，及时纠正。

我们在关注隐蔽工程的同时，还有一件事需要特别留意，这就是要及时收集保存隐蔽工程档案资料（设计图纸、拍照、录像等），以备日后所需。再者，隐蔽工程完工后，某些后续施工项目还会用到这些档案资料。我楼下邻居家发生的一件事儿，充分说明了留存档案资料的重要性。他家卫生间瓷片粘贴后，既没留存水、电管线施工图和任何摄、录资料，也没有在相关位置进行标注，后在安装卫浴时不慎将暗埋水管打穿两个孔洞，墙壁出现严重漏水。无奈，只好打掉瓷片、更换水管后重新进行修复，不仅造成人力、物力、财力的浪费，又平添了诸多麻烦。

# 第四章 装修进行时，方方面面都是钱

# 还能比我更悲催吗？
# 地板三次被泡

**第十五课**

网    名：家有瞳宝贝
装大学历：大二
所在城市：济南
装修感言：装修一次苦三年

最近要是有人要问我什么最不靠谱，我肯定会回答："开发商配的阀门最不靠谱。"这些不靠谱的阀门，害得我家地板被泡了三次，还有谁比我更悲惨呢？

## 第一次被泡

我家的地板，就这么勤勤恳恳、尽职尽责，被全家人和猫每天踩来踩去依然毫无怨言，做好地板本职工作。在我搬新家、住新房的喜悦还没完全褪去的时候，突然有一天发现地板君摊上事了，而且摊上大事了，可怜的地板君"张嘴"了。发现地板不对劲是在2012年12月底，面对不断拱起的地板，我和瞳爸百思不得其解。俩人也在家里反复查找，没发现有漏水的地方啊！指望我们这两个臭皮匠是没戏了，临近春节工人们也都放假了，只能等商家春节后再派人上门查看。

正月十五后商家带工人上门查看，扒开地板后一股子发霉的气味扑面而来，掀开防潮垫就看到地面上大面积的水渍。一通寻找也没找到漏水点，我们集体猜想八成是地面下的暖气管子漏水了。

于是商家撤退，我联系物业公司。维修人员上门后继续查找，找到的漏水点简

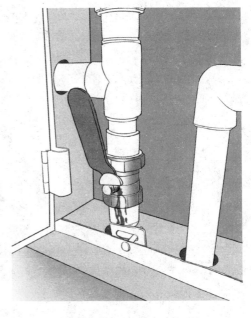

直让我欲哭无泪。谁能想到阀门箱里的暖气阀门居然漏水了。

漏水就漏水吧,好歹流出来让我们看到也行啊,阀门君对自己的质量暗自神伤,似乎也知道漏水不是光彩的事,暖气水遮遮掩掩地顺着暖气管子直接流到墙壁、地面下,让可怜的地板君洗了个很久的"桑拿浴"。

很快更换了阀门,止住了漏水,换阀门的时候,我看到另外几个阀门也出现了锈迹,想一起都换掉,以绝后患。但是老公嫌麻烦,就没换,直接为我家地板第三次被泡埋下了伏笔。

## 第二次被泡

这次被泡的地板还没更换维修呢,有天擦地时,我突然发现:餐厅墙面靠近踢脚线的墙皮鼓泡了,扒开踢脚线看到墙面上都有水珠,有的墙皮已经脱落了。

隔天从物业公司叫来3个小伙子,吭哧吭哧把我心爱的餐边柜搬开,再次扒开地板:一大片地板再次被泡了,用尺子量了量,原本8mm的地板君生生肿到1.4cm的厚度,居然还发霉了! 好可怜啊。

3天后发现地面似乎都干了,这次铺上报纸也没有吸潮的现象,不放心还是让维修人员刨开了几个地方,这次水泥层下都没有漏水痕迹,由此判断是隔壁邻居的暖气阀门漏水洇过来的。说到这个着实无奈,邻居家的阀门箱就在我家餐厅墙面隔壁,也是阀门漏水。发现暖气阀门漏水,可爱的邻居只用抹布裹住了阀门,就这么凑合着,他家地板已经鼓了好大一片,我家也就跟着"沾光"了。找到病根就好办了,邻居家更换暖气阀门,漏水情况也戛然而止。

老话说"福无双至,祸不单行",就在我满心欢喜联系商家来给我铺地板的时候,被告知我用的这款地板没货了。过水面积加上各种损耗大概15平方米,当初也没想到会有今天这出,早知道就来个时髦的双色地板拼接混搭了。事到如今,只能把餐厅和客厅全部重新铺,这面积直接从15平方米变成30平方米,我家损失也从几千元直接越过万元大关。

开发商斩钉截铁地说肯定会赔偿,可具体赔付时间就说不准了,说要看和供货商、施工方的沟通情况了，责任怎么划分、每家的赔付比例等，少则几个月、多则一年，我们才能拿到赔偿的损失。总不能就让地面这么暴露着，难看不说，也怕瞳瞳在家里跑来跑去被绊倒，

只好联系地板商家先给找点废板子暂时铺上。被水泡过还勉强能用的、仓库里破损的，甚至墙上展览的地板都拿来了，才算勉强凑合铺上。

## 第三次被泡

在对赔偿的盼望中，2013年的采暖季马上就要来了，10月下旬开始，各个小区陆续打压试水，我就开始担心自己家脆弱的阀门。

下班回家看到楼道里也贴了试水通知：明天打压试水。我和瞳爸还有点窃喜，周六耶！家里有人！真要有突发事件家里有人能及时处理，也不用请假在家里守着了，这次试水时间选得真不错。临睡前瞳爸嘀咕着明天试水，今天晚上八成就得开始打压，顺手打开阀门箱看了一眼。这一眼就发现阀门君果然不负众望，再次展示了它的脆弱，已经有点滴滴答答地漏水了。

有了上次的经验，这次我俩都特从容，找个毛巾缠上，把水引到盆里，还乐观地估计兴许这样撑一夜没问题，明天一早让物业来换个阀门就好了。可前后不过20分钟，就发现滴答的速度越来越快，瞳爸就忙着用塑料袋、毛巾裹住阀门往盆里引水，我就赶紧去找物业公司。12点了，大半夜啊，物业公司办公室锁门了，赶紧又跑到门口保安值班室让保安帮忙联系，等我拉着保安和物业公司值班的大爷来到我家时，就发现漏水已经变成小河流水哗啦啦了。

看看这奔腾不息的水流，大有不把我家淹了不罢休的势头啊！

为了留下第一手证据，我还在这种紧急时刻拍照、录视频，瞳姥姥还把我说了一顿，这时候还有心情拍照。

一看我家这架势，保安和值班大爷都慌了，瞳爸拉着俩人去找管道间的钥匙，我和瞳姥姥就在家里抗洪抢险，10分钟的时间接了5桶水。此时此刻我

脑子琢磨的是，万一关不了总阀门这一夜就不能睡觉了。好在钥匙找到了，管道间的门打开了，总阀门关上了，我都忘了已经接了几桶水了，反正就是终于不漏了。等把这一片狼藉都收拾好了已经是凌晨两点半了，又累又困啊。

周六一早物业公司派人来看，买了新阀门给换上，5个阀门还剩下3个生锈的没换，物业承诺过几天一起都换了。

说来说去都怪瞳爸，当初要是听我的早点把阀门都换了，哪能出这么多麻烦。可怜的地板君再次遭受到水魔的伤害，不过也不用太担心，因为我们还在等去年暖气漏水的赔偿，地板一直没换。就让可怜的地板君站好最后一班岗吧。也顺便提醒准备装修的同学，交房后看阀门质量不行，就换了吧，这可都是定时炸弹啊，哪天来个罢工可就"水淹七军"了。

**GAR☮N** 佳诺整体家居 **课堂总结:**

装修结束不代表从此就可高枕无忧，保不齐就有点小麻烦在等着呢。开发商配备的东西，能换就换了吧，那质量真的不敢保证，咱住的是房子，过的是生活，不能天天提心吊胆，随时准备抗洪不是?

# 家装危机攻关
# 及权益维护

第十六课

网　　名：平民女De实木家装
装大学历：大三
所在城市：北京

**提**及家装故事，热水器漏水是我最糟心的家装故事。很不幸，我家在搬家第二天就遭遇了漏水。从发生到最后赔偿款到账结束，前前后后经过三个多月的时间，最后的结果总算还是比较满意，我把这个过程写下来，给大家提供一些借鉴和参考。

## 家装危机攻关——邻里关系修复

搬家公司把东西搬到新家，没来得及收拾，年三十我们一家就从北京去郑州老家与父母团聚去了。仅仅过了两个晚上，就被物业的电话惊出了一身冷汗：我家房间跑水了，都流到了楼道里了。初三一大早，就开始了返京之路，进门瞬间就被惊呆了：地板上积了厚厚的水，厨房已是汪洋一片了，是热水器引发的漏水。

我第一时间联系了热水器卖家后，就急切地想知道楼下邻居的受损情况。邻居一家回山东老家过春节了。通过物业公司跟邻居联系上，向邻居说明情况，很抱歉让邻居一家也临时中断春节和家人的团聚，第二天回京。再下一层的邻居家也是回老家过春节了，联系不上。

　　各种不安、担心袭来，不知道该如何处理为好。这时，我突然想起来，留个纸条贴在邻居家门上，让邻居第一时间回来看到，知道发生了什么，注意什么，怎么尽快联系到我。

　　于是，我给楼下邻居和下一层的邻居各写了一张纸条，纸条的内容有3点：首先表示歉意；其次说明我家漏水情况，提醒邻居进家门的时候，先不要开电器，查看一下有无线路短路后再查看一下各房间损坏情况；最后留下我的手机号和家里电话号码。

　　这纸条还真起了作用，邻居家深夜十一点回来了，并按纸条上的电话联系到了我，我们一同查看受损情况并拍照留存。下一层的邻居也是看到纸条，查看了自己家的情况，还好，没有什么大的损害。

　　接下来就是和邻居商量如何修复。虽然楼下邻居给了我们谅解和宽容，但我们也要给出一个诚恳的态度和解决方案。对此，我们再次来到楼下邻居家，表明我们的态度和解决方案：第一，不管跟厂家如何扯皮，不影响邻居家的恢复进度，或是他们找原来的施工队修复，或是我们帮他找人恢复，他们自选；第二，不管哪种方案，最终修复结果以达到他们满意为目的；第三，什么时候施工，他们跟施工队商量，钱的事不用考虑，只要有了报价，我们这边就把钱付给他们。

　　邻居考虑后决定还是他们找原来的施工队，由于都是刚入住，由原来的施工队做起来可以更好地修复，保证和原有的装修保持一致。这样，施工队做了一个报价给我，接过报价单，说实在的，这报价让我很是吃惊，原因你懂得。我、邻居、施工队三方确认了这个修补方案及报价，我当着邻居的面再次跟施工方表态，费用我一分钱都不少，但一定要让邻居满意。

等到付款时，考虑到我家漏水毕竟影响到邻居的正常生活，我又在原来的报价上多付了1000元，算是对他们的一点精神补偿吧，对此，邻居一家非常感动。然后两家人在一起聊起了家常，从装修到工作，从孩子到家人，对于漏水之事，还反过来安慰我们，好人呀！

当然，付款时还有最重要的一点，就是和邻居签订一份《赔偿协议书》，赔偿协议书的内容有赔偿金额和赔偿事项等，一式两份双方签字生效。这是为了避免日后的纠纷和不必要的麻烦。

邻居家的事情处理完了，我跟老公如释重负，从最初的忐忑、不安、内疚，到现在的理解、安慰、感动，悲喜交加，有一种不打不成交的感觉。"诚"字在了，人与人之间的交往就容易了。

## 权益维护——向商家索赔

发生纠纷时，消费者大多位于劣势，一是消费者自身掌握的信息不充分，二是消费者的时间和精力也不允许，所以以目前的消费环境，消费者要想维护自身的权益，是很难的。但是作为消费者，在自己的权益受到侵害时，一定要做好证据的收集和商家沟通工作，向商家索赔。

1. 事故发生第一时间通知商家并拍照。由于漏水发生在春节期间，商家已放假回外地过春节，商家给联系了热水器的代理商，代理商的负责人过来查看了热水器跑水的情况。对于受损情况，我自己拍了照片，同时，商家也拍了照片留存。这些都是事故责任认定的重要证据.

2. 找出购买合同、发票等。我家的热水器是从红星美凯龙买的，合同、发票一应俱全，而且合同上都注明了发生纠纷的解决方法。这些都是可以作为索赔证据的重要材料。

3. 重要沟通的时间点要有记录。因为涉及商家和商家的供货商，所以每次来的人不同，为了便于解决，每次来人，我都做了记录，包括来人姓名、职务、时间、沟通的主要内容。因为这种损失大的事情解决起来不可能一次两次，这种记录备案可以给后来的沟通提供一些重要的信息。

4. 损失预估及相关物品购买凭证的收集。跟商家最难沟通的就是损失的认定，我个人认为，在损失预估方面，用户要主动。

我家损失最严重的就是地板，其次是家具，还有买来一直未用的地毯等。邻居家受损最严重的就是屋顶，大面积起鼓脱落，他家铺的是地砖，算是逃过一劫，如果像我家一满屋的地板，我就赔得只有哭的份了。我家损失的预估就是按购买时的价格进行折算，于是我把地板、地毯等购买合同或发票收集整理好，邻居家的损失按施工队报的修复费用计算。

接下来，就是最难的攻坚战了——向商家索赔。还好，我遇到的厂家还没有发生躲避不见的情况，处理事情的态度还算积极。事情发生后，厂家几次过来都按约定的时间，没有迟到过。

问题处理上的烦琐，主要体现在这种热水器的层级管理上。厂家指定负责的是客户经理，但具体操作上是由代理商及北京地区一级总代理，所以每次过来，都是三方（厂家、代理商、我）协商，技术人员、售后、办公室等，一拨人来一拨人走，都是拍照、看现场、定原因，搞得我不胜其烦。

还好，最后走的是厂家投保的产品责任险理赔，虽然理赔的程序、理赔的时间都是要"流程化"，但是与跟商家扯皮比较起来，保险理赔还算"省心"了。

说到厂家保险理赔，这次也算是科普了一下。说到产品保险，很多产品宣传手册上都印有"本产品质量由某保险公司承保"的字样。商家甚至向消费者介绍说，看我们的产品投保了，出了事保险公司包赔。这样的解释是大错特错，变成了某些厂商宣传炒作手段。

一是产品保险分为产品责任险和产品质量险。这两种险根本就是两回事。产品质量险保障的是产品本身的质量，即如果购买的商品出了问题，保险公司将包赔；产品责任险保障的则是人身安全，即如果消费者在使用商品的过程中，因商品的问题造成了人身伤害，则由保险公司承担责任。以5000元热水器为例，如果是产品质量险，则可能最多赔付5000元用于更换新的热水器，但对于由于热水器漏水造成的地板和家具损失，是不赔付的。

二是保险公司赔付的主体是厂家而不是个人。也就是说，产品在使用过程中出现了问题，先是要和厂家联系，厂家再和保险公司联系，保险公司不直接对个人。先要和厂家认定事故责任，然后由厂家报险，最后由保险公司委托相关机构进行拍照定损，最后付款。

保险公司的理赔最关键的两点：保全证据和及时索赔。

保险理赔的程序和车险理赔差不多。在损失认定方面，是由保险公司委托公估公司到现场拍照，还有购买的合同发票都拍照，然后计算确认，最后与厂家签署赔偿协议，最后付款给厂家，厂家再把款转到我的账户上。

从2月初漏水发生，到5月中旬厂家把赔偿款打到我的账户上，代理商给我换上一台新的热水器，同时与厂家签订赔偿协议，漏水事件终于画上了句号。这期间我家拆地板、重装地板、搬动家具、赔偿邻居损失，所有的一切都脱离了正常的轨道，争吵过，愤怒过，还想过3·15曝光，随着事情的解决都过去了。

现在冷静下来，再去思考这些发生过的问题，事件既然发生了，就要积极面对，对邻里进行赔偿和抚慰，向厂家索赔维护自身的权益。以积极的心态、诚恳的态度去解决，风雨过后便是彩虹！

**GAR⚙N** 佳诺整体家居 **课堂总结：**

1. 对于暖气、热水器及大家电，购买时要到正规的厂家去购买，同时保存好发票、合同。

2. 对于标有"本产品质量由某保险公司承保"字样的产品，购买时问明白投保的是"产品责任险"还是"产品质量险"。

3. 与邻居发生赔偿时，一定要签订《赔偿协议书》，至少要让邻居收款时写个收条，留作付款证据，避免日后纠纷。

# 我不要赔偿，
# 只要恢复原样

### 第十七课

网　　名：tianshen1981

装大学历：博士

所在城市：北京

我家的硬装已经基本完成，墙漆刷完两周左右了，等待橱柜和木门入场。现在我每天的任务就是早上去开窗通风，晚上去关窗。本以为是段风平浪静的时光，没想到平静被楼上的装修打破了，我也第一次上演了刀子嘴的斗争大戏。

我家楼上邻居家改暖气时将暖气护管砸掉了，暖气管和楼板间的缝隙变大了，我在刚发现这个问题时，就上楼嘱咐楼上邻居家的装修公司一定要注意这个缝隙，地面找平前用"堵漏灵"堵死，千万别让水泥浆顺着暖气管漏到我家。

没想到怕什么来什么，昨晚去关窗之时，我发现，卧室挨着暖气管的墙面上喷溅了不少水泥点。看来楼上的装修公司根本没把我的话放在心上，看着我本来漂漂亮亮的墙上长满了"雀斑"，我怒了，彻底愤怒了！一个电话打给楼上邻居，约好今天跟他家装修的工长商议解决办法。

先说说我家现在的情况：（1）暖气已经安装完成了；（2）开关面板装好了；（3）墙漆用的高档带颜色的童话漆，半哑光的，名牌的辊子和刷子刷涂出来的。为了这些，我花了多少心血和银子呀，我容易吗？

中午，楼上邻居家的工长来到我家查看情况，进门第一句话是："问题不严重，拿布擦擦就好了。"我怒啊，这个工长把我当成那些给几个小钱就可以打发的闹事之人了，你知道为了这次新家的装修，我都背上"败家"的美名了，不给你点厉害的，对得起我的这个"美名"吗？邻居家的工长看我不接受擦擦这个建议，开始提赔偿。我只有一句话：我不要赔偿，我要求恢复原样。

**恢复原样前，我给邻居家的工长交代如下：**

1. 我家的漆我已经告诉你是什么漆了，半哑光，补漆会花，需要整个房间全部刷涂一遍，漆428元一桶打7折买的，单子我给你。我家上次刷漆用的丝光大师的辊子和刷子，这次我还是用这个，单子我同样给你，一分钱不跟你多要。

2. 暖气你说你能拆，我不需要，我家装修从来都是专业队伍做专业的事情。三叶暖气过来拆装，收据我给你，也是一分钱不跟你多要。

3. 开关面板是地康装的，这次还是地康来拆来装，费用给你单据。

4. 不要跟我提赔偿，我只要恢复原样。如果花100元可以恢复我就跟你要100元，如果1000元才能恢复我就跟你要1000元，多一分钱都不会要你的。

邻居家的工长郁闷了，努力拿手去抹墙上的水泥痕迹。在擦拭过程中，这位工长跟我讨论起我家漆的耐擦洗性来。看来我不说点干货你还是要矫情啊，我想了想之前跟专家咨询的结果，给这位工长上起课来。

1. 我家用的这种品牌的漆，漆中的乳油少，所以稀。而且跟国产漆比，漆膜薄。漆刷完后要等一段时间，才可能形成内外一体的漆膜，这之前不能用水大面积深度擦洗。我家刚刷完两周，还没完全形成整体漆膜，你说的水擦我不接受；

2. 这个天气根本不能刷漆，湿度都超过60%了，你刷完漆墙面就粉化了。

听到我的两句说教，这位工长直接点头同意恢复原样，不再提赔偿之事，然后无奈地走了。

**GAR�N** 佳诺整体家居 **课堂总结：**

提醒正在装修的兄弟们，除了闭水试验外，还有很多会影响楼下的装修项目，一旦不注意不但会影响邻里关系，而且碰到像我家这样刚装修过的主儿，你给邻居恢复原样的代价是很大的。

提醒其他同学要好好学习装修知识，如果你懂得装修知识，受到损失，就不会被糊弄，小小地赔钱了事了。

# 边装边拆——石膏线也败家

第十八课

网　　名: 平民女 De 实木家装
装大学历: 大四
所在城市: 北京
装修感言: 找一个好工长，让他做半个主，
　　　　　你做半个主，就 OK 了

说起装修故事，装修过的人都有同感，或喜或悲，或笑或哭，这里有聊不完的话题，尤其装修中那些让我们多花钱、花冤枉钱的地方，总是记忆深刻，我家的石膏线就是个例证。

我家全部家具都由木工现场做，所以拉的战线比较长。在木工完成了电视柜、餐桌、衣柜等几个大件后，墙面处理也跟进了。找平、刮腻子、石膏线贴上后，我的一位专家朋友来访，这位专家可不是带引号的，是政府采购家具方面的评审专家，所以他的建议我还是很看重的。本来我是让他来查看一下木工做的家具，可这位朋友倒是客串了一把家装设计师的角色，让我"损失"惨重。

这位朋友到我家看了买的板材和木工做的活，跟木工交谈了做家具的工艺后，就开始各屋巡视，然后就看到了屋顶上刚刚贴完的石膏线，语气坚定地问："谁叫贴的石膏线？拆掉！"我以为他说贴的石膏线质量有问题，或是工人干活不够好呢，忙接话说，"我让贴的呀，为什么要拆呀？"他说："这石膏线跟这原木色的家具太不搭了，拆掉石膏线，换上木线。"这时，木工过来搭话，说刚开始还没有装修时他就说过，要做一圈木线，我不听他的劝告，坚持要贴石膏线。

　　木工说的话不假，当初是建议用做家具的木材做木线，我当时没有考虑那么多，认为人家都用石膏线咱也用呗，再说，木线贵呀，石膏线便宜，唉！只要说到钱上，心里怕花钱呀，人民币不给力，再好的想法也只能就让它随风去吧！

　　可这位专家朋友一说，我就有些犹豫了，他半开玩笑的一句话："拆吧，换木线的钱我出了！"我就彻底动摇了，那就拆吧，有人出钱，干吗不拆，呵呵。

　　买这些石膏线，我还比较上心，怕质量不好，特意让装修的人去建材超市买的，可这刚贴好没几天的石膏线，就得要拆掉，太败家了，唉！败家的还不止这些石膏线，拆了石膏线，还得再贴木线，相当于增加一项，材料费、人工费一个都不能少，各项都比石膏线贵得多。

　　拆完客厅，干活的工人问了我一句："餐厅还拆吗？"因为餐厅和客厅是相连的，也都是进门就能看得见的门面活儿，但看到刚贴好的石膏线拆掉就变成垃圾，心情又开始排江倒海地翻腾，我告诉工人："餐厅不拆，只拆客厅吧"。

　　俗话说"听人劝，吃饱饭"，客厅石膏线换成木线后，果然效果不凡，跟家具那是相当地搭，而且上档次呀。

　　本来以为石膏线的风波就这样过去了。又过了一周左右，也就是客厅木线刚装上去，另一好朋友两口子过来了，他们进来一眼就看到了新贴上去的木线，嘴里啧啧称赞，抬头环顾欣赏，这一看，视线就停在了与客厅相接的餐厅石膏线上，朋友问："为啥客厅石膏线换了，餐厅不换？"我随口应答："这还用问吗？就是怕花钱呗。"

我以为朋友听了我的话，会客气地跟我来一句，"石膏线也不错"，可是朋友就是朋友呀，朋友之间的豪言壮语又放出来了："拆掉石膏线，换木线吧！你要是怕花钱，这餐厅的费用我出。"又客串设计师的角色了，语气惊人地相似，这一句话，让我又一次中招，餐厅的石膏线也统统拆下，换上木线……

　　边拆边装就是败家呀，这一拆一装，前后损失了近3000元。最后跟工人结款的时候，我这两位朋友却都没有出现，只好自己往外掏腰包了，想起这损失的人民币，眼泪哗哗的。

　　现在客厅餐厅都换上了木线，木线和家具的材质一样，都是水曲柳指接板的，上下呼应，效果明显好于石膏线。这些应该归功于来我家客串设计师的这两位朋友，他们做了设计师的活儿，还没收任何费用。我念他们的好，一定请他们吃饭感谢。不过，除了感谢，我还得问他们能否给我把那损失的3000元给报销了，谁让我容易"记仇"呢，哈哈！

**GAR★N** 佳诺整体家居　**课堂总结：**

　　1. 为省钱，家装可以不请专业设计师，但不等于没有设计师，说不定这设计师不止一人，家人、邻居以及来访的朋友，都是不请自来的设计师，架不住自己耳根子软呀，觉得谁说的都有道理。尤其是装修过程中，半路杀出个程咬金来，刚装上的就得拆了重新装，劳民伤财，活脱脱一个败家呀。虽然从最终的效果来看，采纳了朋友的意见是明智的。

　　2. 说起装修省钱，我们多是讲到买的主材价格优惠，或是施工队人工费优惠，但是家装过程中的浪费，是容易被忽略的，装修前还是要全盘考虑，最好不要出现边装边拆的情况。这一拆一装之间的材料费、人工费都白白地打水漂了，绝对败家呀，伤不起。

## 第十九课

# 专家办的"漂亮事"
## —— 低级错误的门

| | |
|---|---|
| 网　　名: | 碱式碳酸铜 |
| 装大学历: | 初三 |
| 所在城市: | 广州 |

我再三强调的"内八字"的门，竟然被专门做门的厂家给做反了！安装后，我家的门无比地别扭，别提多堵心了。

### 只能开 60° 的门

经过再三的催促和确认，我们家四扇门的安装定在周六。装门的两个师傅来到的时候，我和老公正忙于应付别的事情，师傅们自顾自地先安装起门框，等到我们忙完了，两扇铝合金门的门框也装得差不多了，我瞥了一眼洗手间的门，怎么看着这么别扭呢，门框和主卧的门框贴得那么近，显得很憋屈，可是一时又想不出来是哪里出的问题。

不一会门框的缝隙补好了，门页也装上了，上去推推门，不对啊，这门怎么只能开到60°左右，没法贴着洗手间的墙啊？按照我们之前的交代，我们的门是必须要能开到贴着洗手间的墙的。一问师傅，他说，是这样的啊，这个是外包边的门框。我很疑惑了，说之前的那扇门怎么可以打开到贴墙呢？他说，对啊，之前那扇门是内包边的门框。我恍然大悟，之前在做门的时候，我爸就跟我说，洗手间的门得让他做成"内八字"的，我不明白什么是所谓的"内八字"，但是师傅来量门尺寸的时候我们交代过，门打开后要能贴着洗手间的墙，他们既然是做门的，我们这么交代他们肯定会明白该怎么设计才能达到我们的要求，也完全没把这事放在心上。现在看来，他们恰恰就犯了如此低级的错误，按着他们的惯性思维和常规做法，只考虑美观，理所当然地把门做成了外包的款式，忽略了最重要的合理性！

这扇门无论是从外观上看还是从使用上看都糟糕透顶。外观上，和主卧门框贴得很近，显得拥挤；使用上，门推到约60°角，玻璃就顶上了墙壁的边角，硬生生地横在洗手间的中间，占用了空间之余还显得很奇怪。装修师傅走过来看了一眼，眉头也打上了结。我反反复复地在洗手间徘徊，反反复复地开关这道门，觉得很不满意却不知道有什么办法可以解决。

我想让师傅把门框卸下来反过来装，可是他说行不通，反过来的话门就变成往外打开了，一时无计可施的我也只能坐在一堆废纸箱上生闷气！那天也不知道是热昏了还是郁闷傻了，明明对洗手间的门很不满意，最后却还是把尾款给付了，而我家老公对这门"可以接受啊"的态度更是令我无法接受！

## 意料中的推脱

恰巧这天晚上还得陪我妈去饭局，所以提早地从工地草草地撤退了，可是我一路上都在郁闷啊，饭局里那个强颜欢笑啊，直到睡梦里还惦记着这个事，越想心里越不舒服，第二天一早爬起来就对老公说："打电话给师傅，先别贴瓷砖，我要改门！"殊不知师傅效率还挺高的，打电话给他的时候他们已经把门缝填好了，门框周围的批荡也处理好了，但听到我们说要改门，也很理解地停止了。这个破门，在我们外行眼里都如此不堪入目，别说在他们行家眼里，简直就是失败品里的失败品啊！

接着打电话给安装师傅，让他过来看看怎么改，他说他做不了主，工作都是老板分配的；于是打电话跟门店的老板娘沟通，因为钱已经付了，料想她的态度肯定热络不起来，先是说她要问问安装师傅事情的经过，看看责任在谁身上，后来居然还说过来改要收200元的人工费，我们坚决不同意，最后她说一边出一半的费用吧，但是还不能确定什么时候能来改，最快也得下周二。

我和老公商量道，钱他们已经全收了，不用想还能有什么殷勤的态度了，怪就怪我们太傻太天真。而且即使我们付上100元的工费让他们来修改，也不见得他们能按时在下周二过来实施，那我们的工期耽误了怎么办？

## 胖师傅的私活

回来楼上，我和老公开始围着洗手间的门打转，给我们装修的李师傅也走过来表示同情，说他昨天就觉得这门装得很不妥，只是我们都没有出声，他就懒得多管闲事了，我趁机和他讨论这门该怎么个改法，李师傅说只能整扇门往里移，而且必须切割掉一圈包边，我又趁势问他："那交给你帮我们改，改得了吗？"本以为师傅会立刻答应的，谁知道他连忙摆手说："不行不行，如果这门是我包装的我就敢给你改，现在这门不是我包的，要是弄坏了那怎么办啊？不行不行！"想想也是，一扇门500多块呢，是我也不干这闲事啊。老公发挥他的作用了，用他讨长辈喜欢的脸和甜言蜜语继续游说李师傅，主要强调工期的问题，我们不就是怕耽误了时间嘛，对大家都不好云云。泥瓦工胖师傅听到热闹也跑过来了，和李师傅研究要怎么改，饶有兴致的样子，最后他说："100块吧，我帮你搞定，改门，补边框，总之保证搞得好好的！"我们一听喜出望外，划算啊，效率高、速度快、配合好，于是立刻答应了胖师傅，还不忘说些好话，直夸胖师傅办事我们绝对放心，把胖师傅乐得，一再承诺绝对负责到底，把事情办漂亮了，又和我们一起狠狠地谴责了门店的不负责行为，活生生貌似演着一台戏……

胖师傅把门板拆下来后就先向我们要了100元，他说这是他的私活啊，还是把钱先入袋为安，我们也不好意思拒绝，反正他们活也还没干完，反正一天两天的不会跑路的。有意思的是，胖师傅的私活，却是李师傅下手在干，也不管周末不能动电动机械施工的规定了，开起切割机就割起门套来，看样子师傅们打算今天把门改好装好，明天才好贴瓷砖。

我实在受不了机器嘈杂的声音，也担心保安来投诉，干脆拉起老公出门溜达去了，等我们回来，修改后的门已经在等着我们了！

**GAR⊛N** 佳诺整体家居 **课堂总结：**

1. 定做门的时候，如果有特殊要求，一定要跟厂家交代清楚，免得厂家按照常规经验制作出不符合自己家情况的产品。

2. 如果在安装现场发现问题，要果断停止安装，并拒绝支付尾款，让厂家返修至符合要求为止。

3. 平时和施工队里的师傅们打好关系，说不准哪里修改就要请他们帮忙呢。

# 诉不尽腰线奢恋，道不尽隐砖恩怨

第二十课

网　　名: sscecho@chinaren
装大学历: 初一
所在城市: 大连
装修感言: 啥时候能装下一套房子呢

秋色冷并刀，

瓷砖一条把魂销。

隐形现出原形来，糟糕！

心痛不能抡锤敲。

——受刺激后"丧心病狂"的打油长短句

本集的片头，请容许我扮演一次祥林嫂，喃喃地说一句："我真傻，真的，我单知道橱柜是六百宽，不知道六百宽说的是台面……"

九月最后一天的早上，我披头散发爬起来（谁说我寸头就不能披头散发的？我是形容，形容懂吗？），一夜辗转反侧啊，不是因为思念那窈窕淑女，而是因为在想一个非常严重的问题，那就是新房橱柜下方地面的隐形砖好像是贴到了600mm宽！

为啥说是严重的问题呢？因为橱柜的柜体宽度是550mm的！而之前橱柜设计师一直说的600mm指的是橱柜的台面宽度！并且踢脚板还会再往里面缩一段！就是说

我橱柜下边地面会露出一长条不一样的瓷砖来！这样一个白痴到令人发指的失误让我如何不捂住胸口淡定地心绞痛到整夜无眠……

我梦游一般开着车到了房子，慌忙地爬上楼，用尺子量了下地面隐形砖的宽度，真真切切的560mm瞬间亮瞎了我的眼……马上给还在睡梦中的橱柜设计师打电话，召开第一次隐形砖遮挡大会。会议研究通过了设计师充满起床气的建议——柜体做到560mm，下面的踢脚板不往里缩了，直接和柜体平齐，加上门板厚度18mm，挡住基本没问题。我想象不出来会是啥样，不过设计师说这是唯一的解决办法了。

在等得我几乎要爬到楼顶去望断天涯路之时，橱柜终于做好来安装了。安装完毕，我心甚慰，地面的隐形砖成功地被挡在了踢脚板里面。然而……是的，还是鲁四老爷那句名言"可恶……然而……"就在我因为地面隐形砖被挡住了而激动到45°角仰望天空准备迎风流泪的时候，赫然发现吊柜上面的隐形砖又露出来了！苍天啊！大地啊！这是哪个天使大姐在玩儿我啊！没办法，只好在吊柜顶上补做一道封板，把隐形砖封到里面去。

为了省钱，厨房一共贴了不到3m²的隐形砖，结果最后省下的瓷砖钱又花到橱柜的上封板上去了，我真是个自作聪明的笨蛋……不管怎样，这隐形砖的问题算是解决了，刚想松一口气，可没想到啊，迎面躲开一拳，背后又挨了一棍子，卫生间的瓷砖又有问题了。

新买的成品浴室柜在安装的时候发现，面盆上沿儿正好压在了墙面砖的腰线上，而墙面砖的腰线是有凹凸不平造型的，也就是说没办法打胶了！也就是说将来水将会飞溅到墙

上然后哗哗地从墙壁流下去，流到柜子里以及流个满地……卫生间加了这一圈腰线，多花了七百元的瓷砖钱，还得给瓦匠多加五百元人工费，结果就是花钱找不自在。当初卖瓷砖的商家曾建议不用腰线，朋友也曾说我这是嘚瑟，将来肯定会后悔，但我还是固执地贴了腰线，真是自食恶果啊！

我把脑袋都快挠成斑秃了，也只想到三个解决办法：办法一是把接触到的腰线打磨成平面；办法二是锯断原装柜腿；办法三是就这样儿，往缝隙上涂上足够宽的一层胶……因为我自己也感觉这三个办法实在是不靠谱，所以没有马上采用其中任何一个。幸好很快在万能的集贸市场买到了可调高度的柜腿，安上去后面盆上沿儿正好在腰线下沿儿，算是完美解决了。

呜呼！正是：

满墙荒唐砖，一把装修泪，心似调料摊，其中有百味。

**GAR❀N** 佳诺整体家居 **课堂总结：**

1. 橱柜柜体遮挡住的墙面，可以贴便宜的墙面砖以节省装修费用，但是一定要让瓦匠师傅严格按照橱柜图纸的尺寸来贴，以防"隐形砖"不隐形。

2. 如果浴室墙面砖使用了非平面的腰线，那么建议在准备放浴室柜的位置不贴腰线，如果贴了的话，在选择浴室柜的时候一定要注意浴室柜和腰线的高度不要发生冲突。

3. 浴室地面因为要将水流导向地漏处，所以不会做成水平地面，浴室柜最好能选择柜腿是可调高度的，以便浴室柜台面能达到水平。

第二十一课

# 银子堆出来的墙面

网　　名: 霄遥枪手
装大学历: 初三
所在城市: 北京
装修感言: "霄遥枪手"的微型主场建设

墙面处理向来被认为是相对容易对付的一个工序，貌似各种陷阱相对少一些。实际情况是这样吗？哼哼，一不小心，这不起眼的墙面处理就很可能会给你一个巨大的"惊喜"，且听我一一道来。

## 一、墙面找平

墙面处理第一道工序是墙面找平。顾名思义，墙面找平就是指将墙面、顶面通过墙尼或者腻子等方式调节平整度、垂直度。找平厚度小于5mm的部分可以通过腻子找平，找平厚度超过5mm的部分则需要通过墙尼找平。理论上说，找平之后的墙面和顶面应该是平整度高且横平竖直的。

墙面找平是装修公司很容易漏项的一道工序。理由很简单，如果列出来将是很大一笔费用，很可能因为这项费用而影响业主对装修公司的选择。当业主发现以后去询问装修公司漏项原因时，他们可以解释说墙面找平可找可不找，全看业主，而且如果开发商的房子质量好，自然不需要刻意找平。因此，往往装修公司的报价中只是会用小号字体在不起眼的地方标注上：墙面平整度误差找平≥XXmm，找平费用另计。按照装修公司/工长的计价惯例，有两种计算方式：（1）按照平方米计算，这里的平方米通常都会被默认为全屋所有的顶面+墙面（除厨卫以外）的面积；（2）按材料+人工进行计算(美巢墙尼XX元/袋，人工费XX元/袋）。

如果你是一个很追求细节的人，如果你可能认为找平或许并不会增加太多成本，漏项就漏项吧，那么很不幸你离掉坑里越来越近了。这个时候部分装修公司会建议业主进行全屋找平，并极力夸大找平的作用以及不找平的危害。那么全屋找平会增加多少费用呢？我用自己的房子来为大家算一笔账，我的蜗居使用面积53平方米，墙面+顶面约120平方米。如果按照第一种计算方法，按找平价格20元/平方米计算，找平费用2400元；如果按照第二种计算方法，找平费用按照实际使用的材料+人工计算，装修公司计算出来的金额更是不会低于第一种计算方法。不包括墙面找平，我的墙面处理（基层处理+刷漆）的费用不超过4000元，也就是说这项工序整整超出了墙面处理预算的60%。不算不知道，一算吓一跳！！

那如何避免这样恐怖的增项呢？以下几条建议仅供参考：

1. 房屋设计时，根据家具的类型、样式与摆放位置，确定哪些部位的墙面/顶面需要达到绝对的横平竖直。这是因为墙面的平整度问题只有在有参照物的时候才容易被发现。另外，弄清自己对墙面平整度的要求，比如自己是否会介意墙面/顶面存在肉眼无法分辨的瑕疵。

2. 签订合同之前，务必让装修公司/工长对房屋进行细致的测量，并在工程预算之中尽可能准确地增加墙面找平的项目；务必让装修公司对墙面找平的计价方式在合同中做出准确的表述。

3. 油工进场前，亲自与工长、油工进行交底，将自己的要求清晰完整地与工长、油工进行沟通。什么地方需要找平，什么地方不需要找平，均需要一一确认清楚。个人建议仅对有参照物的墙面找平。

如此这般，对于不追求墙面/顶面绝对横平竖直的同学而言，肯定能节约一笔不小的银子。

## 二、墙面贴纸/布

墙面贴纸/布，就是在墙面裂缝和接缝处贴牛皮纸或的确良布，如保温墙、轻体隔墙应满贴的确良布。通常装修公司/工长会建议业主贴数层基层纸/布，以防止墙体开裂。该项工艺的计价是按照贴纸/布的面积，每多贴一遍，面积就增加一倍。

通常情况下，即使是新建的轻体墙，一遍牛皮纸一遍的确良布肯定是足够了，再多贴几遍，效果不明显不说，又是一笔银子。这个环节大家务必要坚定想法，不被装修公司/工长轻易地说服，增加一些不必要的支出。

## 三、批刮腻子及刷漆

该工序用美巢墙锢胶挂底，批刮美巢易呱平YGP800耐水腻子两至三遍。用200W灯泡，砂纸打磨平整，局部休整再打磨，最后滚刷底漆一遍，面漆两遍。

注意事项：

1. 计算使用多少涂料时，准确计算辊涂面积；
2. 对于被柜子遮盖住的墙体，在涂料不富裕的情况下，建议可以少刷一遍；
3. 辊涂效果的好坏与滚筒的质量直接相关，如果想要得到理想的效果，建议多花几两银子买好一些的滚筒，而不要使用涂料赠送的滚筒。

说到这儿大家肯定都理解了我标题所说的，银子堆出的墙面，这墙面各种处理都是银子啊，稍微多注意点大家就能节省不少。

**GAR N** 佳诺整体家居 **课堂总结：**

银子堆出来的墙面做好了，养护也是非常重要的，我总结了墙面装修的三大误区，与大家共享。

误区一：墙体开裂马上修补

由于干燥且气温变化频繁，水分挥发与材料收缩会造成不同程度的裂痕与缝隙，属于装饰材料的正常物理变化，墙体开裂表示其中水分正在挥发而且还有可能继续挥发，如果这时修补，还会继续开裂。

在秋季返修时应该注意不要着急，应等到来年春季。

误区二：秋季装修完，认为室内并没有太大的装修味，立刻入住

即使没有味道，还是要等到半个月至一个月的时间再入住，入住之后也要早晚开窗通风。不能中午通风，因为中午更干燥，会造成木材墙漆干裂。

误区三：风干涂料或者壁纸

粉刷涂料或铺贴壁纸1~2天内，保持闭门关窗，或者只在早晚时候进行通风，但要始终保持墙面自然阴干状态。冬季供暖期间，家里温度升高，特别干燥，一定注意保湿，如果可能的话，使用加湿器，以免漆膜开裂。

# 当个"水王八"，我容易吗？

第二十二课

网　　名: 小白11

装大学历: 大二

所在城市: 哈尔滨

为啥说我是水王八呢？因为好像我接手了新房，就与水结缘了，总结一下从装修以来，我家共出现各种大小规模发水、渗漏6次：

第一次是拿了钥匙刚给水，隔天就发现厨房门口水管漏水，淌了一地，危害指数5星级，这是单纯的建筑方施工质量问题；

第二次是安过门石，不小心凿漏厨房门口水管，发水程度可与上一次"媲美"，危害指数5星级，纯属意外；

第三次是卫生间小背篓型暖气安装，发现暖气片上有处渗水，负责安装的小老板现去给我拉个"新背篓"过来换上，害得我干等了近三个小时，在饿得头昏眼花的情况下，无奈欣赏小区夜景自娱自乐，危害指数3星级；

第四次是卫生间安浴室柜和马桶，浴室柜软管和水管接口处当时就发现渗水，电话召回师傅拧紧及时解决，后来又发现马桶渗水，联系售后人员再行解决，也是一番折腾，危害指数3星级；

第五次是楼上下水管的检修口渗脏水，淌得我浴缸里都是黄黄的臭水，为此和物业人员一顿争执，最后还烦请我家工长找木工朱师傅来拆扣板检修，折腾一圈，劳民伤财还生闷气，边刷浴缸边恶心，危害指数4星级；

第六次是就是今天的故事了。危害指数也是5星级。让我磨叽磨叽慢慢道来。

昨天领孩子去新房里洗澡（新房子里暖气比较好），把手机落在新房子了，今天得去拿手机。意外让我发现自己家又被泡了……

这次被泡的是厨房，本来我只是看着墙上有块瓷砖填缝发黄，以为蹭上啥了，细瞅发现是水洇湿的呀，往上看水痕未干，往下看地上一摊，往对面看台面上还有两摊，往吊柜上看……好嘛，都泡开皮了，有的地方都开裂了……

好在这次物业比较给力，及时关掉暖气和水闸，又帮我联系楼上房主。和楼上大哥交锋时，我深深体会到，平时多学习装修知识是多么重要了。

楼上大哥听说我家被泡，一脸的无辜，说自己家绝对没有渗漏，所有的水管、水件都是好好的，一副你不服就随便查看的样子。结果我一看到他家净水器，立刻想到搜狐装大论坛有净水器商家讲过净水器漏水造成损失的故事，伸手一摸净水器下面，果然有水，还不少呢。你看我这关键问题抓得多准，这就是传说中的抓现行。

楼上大哥一脸的错愕，原来他自己都不知道，净水器漏水了。他解释说，自己一向对自己的动手能力毫不怀疑，昨天想自行安装净水器，没想到安了半天没整明白，水闸又忘了关，于是……就悲催了！看来自己动手是好事，但手里的"两把刷子"也要过硬不是。

好在楼上大哥也算讲究，原因查明后，认账认赔，还自觉充当壮劳力把我家吊柜拆下来了。他拆吊柜的过程中，我这边一个电话打给我家工长波哥，问下泡水对吊顶铝扣板有没有影响（估计波哥一听我家又泡水了，头都得大，哈哈）；一个电话给橱柜商家负责人丁姐，问下大概费用和下步处理对策。两个电话过后，我心里踏实了很多，商谈索赔事宜心中有数了。

经过查看，我家吊顶铝扣板没有太大影响，只是橱柜的吊柜开裂严重，需要更换。马上就要过年了，我也不想折腾了，橱柜商家丁姐表示，年后可以单独给我家送两组柜体来。付钱嘛，自然是楼上大哥的事喽！

**GAR✺N** 佳诺整体家居 **课堂总结：**

1. 要找专业的人做专业的事。比如净水器安装，楼上那位大哥，信心满满结果悲剧收场；我就不操心，因为我家净水器安装师傅手艺棒棒的，保准不会漏，真漏了还能去深圳找保险公司赔，不用自己掏腰包。2. 平时学习装修知识，非常有用。你看我上楼找漏水点的功夫，是不是稳、准、狠？

# 您家水表在乱走吗?

第二十三课

网　　名: 冰冰老师

装大学历: 初二

所在城市: 石家庄

**前**一阵子，水改完成后，打压测试顺利通过，心情很好。直到有一天听小区业主群里有一部分人说即便不用水，水表也走字儿。

看到这个，我心里开始纠结我家的水表是否也这样。心里惦记着这事儿，再到工地的时候，就先检查了屋里所有的管道。确认没有渗漏后让物业打开管道井，细细端详我家的水表。哎哟，那小表针退两步、进三步，跳着小华尔兹向我挑衅呢。一股怒火以迅雷不及掩耳之势从我两肋窜了出来，这这这，是表的事儿还是开发商预埋的管道出了问题?

冷静下来仔细想想，如果是开发商预埋的管道出了问题，那打压也不可能通过。最大的可能还是水表这里的问题。赶紧跑到物业跟他们商量能不能换块儿水表看看，结果人家物业说表都是送质监局检测过的，肯定没问题。最后我跟物业商量先观察24小时。24小时后，水表依然不知疲倦地舞着，我和物业也去楼下仔细看了，确认楼下无洇水，排除了预埋管道的问题。物业也没招了，建议我多观察几天。我拿秒表掐了个数，按这个转速，10天就有一吨水莫名其妙地穿越到另外一个空间去了。这哪儿是水表啊，这纯粹是水的搬运工啊!

　　既然物业都没辙了，那只能靠我自己了。我端着我的手电和这位水的搬运工深情对视良久。老婆纳闷地问我，这样就能让它搬运得慢些、再慢些吗？我很严肃地告诉老婆，我是在仔细观察它的步法。我发现这"小兄弟"每次舞步飞旋前都要助跑似的倒退一小步，这说明什么问题呢？老婆恍然大悟"它一定是为了多转两圈！"我无语地看着老婆，耐心地告诉她我的猜测："水是难以压缩的，而气体是很容易被压缩的。我猜测咱家的管道里有空气，这样水会冲击管道末端的空气，空气被压缩到一定程度后会像弹簧一样强烈反弹，推动水向后退，表现为表针倒转一点儿。反弹后由于压力降低，又重新开始压缩空气……就这样，水和空气开始拉大锯扯大锯，水还是那些水，空气还是那些空气，但是咱的钱却头也不回地向自来水公司的账户上飞奔，拉都拉不回来。"

　　为验证我的猜测，我和老婆把家里最高点处的一个堵头拧开。果然突突突地喷出了不少气儿。再看水表，飞旋的舞步也慢了不少，但时不时地还得来一下子。

　　我跟老婆说，看来主要问题找到了，但是靠放气不能从根本上解决问题。因为自来水中本身就难免有空气，管道中压力变化时，本来溶解在水中的空气释放出来后，又会形成新的气堵。看那边，小表针又倒退了一步蓄势待发了，这时我突然想到既然烟道有止逆阀，那水路应该也有这个东西。只要装上这个让水无法向回流，问题不就解决了吗？赶紧带上老婆到了五金市场，找了一家很大的阀门水件商店。因为我也不知道那东西叫什么名字，就问老板有没有让水只能前进不能后退的东西。老板很淡定地说："当然有啦，那叫止回阀，刚才有人按25元一个，要了好多，还赔钱了。"我激动地跟老板说："老板，不让你赔那么多，我只要一个，让你少赔点，20元吧 。"老板很无语地看着我，默默地点头了。

　　没有水工工具拧不上，紧急联系物业人员，问能不能让水工师傅帮忙拧上。物业这回挺痛快，一会儿工夫过来三位师傅，三下五除二就给装上了。赶紧凑上去瞧了瞧水表，哈哈，终于不动弹了！

　　建议同学们都检查一下自己家的水表吧！

**GAR☀N** 佳诺整体家居　**课堂总结：**

　　有了问题不要着急，总有办法解决的。在解决的过程中，还能增长知识呢，要不我怎么知道水路管件还有止回阀呢？

# 邻居新房还没入住，
# 就被淹了

第二十四课

| | |
|---|---|
| 网　　名: | 龙不楞2468 |
| 装大学历: | 高三 |
| 所在城市: | 石家庄 |
| 装修感言: | 努力，建一个好家! |

邻居家年初就装修好了，却一直没有入住，一直是铁将军把门。昨天，我们从外面回来时，邻居的门大开，楼道和屋里有不少人。原来，邻居家出事了。

邻居家的卫生间跑水了。好在我们的每一间屋子开发商都给做了防水，楼下没有遭殃，不幸中的万幸。

据说，跑水的原因是卫生间地面上一个弯头的接口没有焊好，水由滴漏到越来越大。邻居家相邻的一间屋子已经被泡，客厅的地面也几乎被淹没。庆幸的是，邻居突然间有一个念头，想到新房来看看，才没有酿成更大的灾难。邻居家的地板没有经得住水的考验，都已经变形了。

邻居说，这是水电改出的问题。水阀门已经关闭，已经通知装修公司，让他们来检查一下，看看地下的管子有没有问题。

老伴悄悄地和我说：他家装修的那个师傅不是说，他们的质量最好吗？

这让我想起，去年年底我们两家几乎同时开工的情景。

我家请的是某著名的水电公司做水电改。我们是同一天开工，我家当天水电改工程就干完了。第三天时，邻居家的装修师傅听说后，不太相信，到我们家左看看右瞧瞧，给我们挑毛病，还把邻居叫过来给我们讲规范，讲前期要为后期着想的道理。这让邻居啧啧称赞，让我老伴心里很不舒服。老伴又和我小声说：后来给我家装修的瓦工陈师傅说，咱们那水管出口也没问题呀。我忙说，咱们回家说吧！

现在回想装修之初，小区里到处是要改水电的业主和揽活的水电改公司，每一个揽活的公司又都是王婆卖瓜，谁不都是高叫自己的最好呀！这可就让我们这些外行不知所措了。有些业主不知不觉中，都在报价上作比较，都想找便宜的，但往往就掉进了不良公司的陷阱。我庆幸的是，早早地走进了搜狐装修大学，结识了不少同学，他们的经验就成了我的捷径。

**GARON 佳诺整体家居 课堂总结：**

新小区一给钥匙，招揽生意的装修队就铺天盖地地来了。一个个都是王婆卖瓜，竞相降价。这对业主确实是个考验。一定不要只图便宜，一定要多比比，多看看，多问问。尤其像水电改这样的隐蔽工程，更不能只图一时便宜，酿成大祸。

# 第五章 装修公司不给力，受伤的总是我

# 我家的装修，工长的噩梦

第二十五课

网　　名: 谢小姐的谢
装大学历: 大一
所在城市: 北京
装修感言: 装修，不一样的生活体验

我觉得装修初期学经验比听故事更重要。讲故事和听故事的时间都可以用来做很多事，所以我很少讲故事，特别是扯皮的事。但新同学，今天我要讲的故事，你一定要好好学习。

我家的淋浴房下水道、洗衣机下水道、洗脸池下水道，这三者是一个三通。

刚开始这个下水道就有一点不畅通，装修前我找人来疏通，人到了，工长乔工说，你先别疏，何不装修结束再疏通呢？闻之有理。

后来有个瓦工，把泡了瓷砖，满是泥沙的水倒入了淋浴房下水道，这边的下水道就堵了，找人来通了一次，以为通了，结果是把堵塞物给通到洗脸池下水道位置了。再通洗脸池下水，往下水道洒药打弹簧，结果把下水管子打裂了——可我们都不知道裂了！我们就知道还没通利索。

下水道不能就这样不了了之呀，装修公司总要给我个说法吧，可等了几天没有解决方案，打电话给工长乔工，乔工对我家的事已然不耐烦了（因为之前我家换了许多个瓦工，瓷砖也没有铺好），他很生气地说想到我家的活儿就做噩梦。我说："你可不能因为我已付全款你就不负责啊，我爽快付全款也是为了你周转方便，咱们不是熟人了吗？"他说："我最讨厌你拿钱的事来压我！谁说我不负责了？"这是装修以来乔工第一次对我发火。

我只有找装修公司的老总高大锤。大锤说，当初第一个瓦工因偷工减料被换后，其他所有的瓦工都不愿接我家的活儿，大家（网友和商家）都劝他们别接我家的活儿了，是他们硬撑了下来，想不到到现在还有这么多事，想不到我还打他电话告乔工的状——我说我只是寻求解决方案。其实我也不知道我错在哪儿了。拖了我那么久的工期和让我损失一个非常好的工作机会，我都没要求补偿，怎么就成了我的罪过，他们的噩梦了呢？

第一个瓦工方师傅为图省事偷工减料做了防水，大锤是一个高标准负责任的人，是他要求乔工给我家重新做防水的，也是他和我共同协商要求踢走那个方瓦工的，后面的瓦工不爱接活儿，那能是我的错吗？要说那第二个瓦工白师傅为什么也不干了，您说他水平高我真不信，否则怎么能从厕所下水道里捞出厨房的瓷砖呢？第三个瓦工吴师傅说我买的瓷砖不好罢工了，因为他只贴一线品牌的瓷砖，我能有什么办法？第四个瓦工凌师傅一来就把下水道弄堵了，干了半天就走了，我能拉着他不让走吗？第五个瓦工和第六个瓦工，我哪里说过不好两个字了？

打大锤电话也找不到解决方案，而且还背上了令人做噩梦的罪名，委屈……

车到山前必有路，卫生间排水不畅通，还是可以继续用水的，我继续做我的保洁。可是没想到楼下邻居找上门来，说："你家装修怎么漏水啊？都漏到我家了！"影响别人正常生活了！我赶紧去她家看了，把她稳住，说我上楼回家打电话。到家后我越想越觉得委屈，还害怕高大锤联合乔工不解决我给他们制造的这场噩梦，就哭了。

哭停了，打电话给监理张工，一听到张工的声音，又哇地哭了，跟他讲了现在我家的情况，问他怎么办。张工说："没事，这不是有我呢吗？你先别哭，打电话给高大锤，看他什么时候派人来，我可以放下手头一切事一小时就能到达你家！"雪中送

我家像噩梦吗？

炭的温暖又一次让我感动得哇哇大哭，可我来不及哭太久，我要解决问题。

我想打电话给工长乔工，老总大锤不如乔工关心我家的事，可是从来不生气的乔工，已经对我很不耐烦很生气了。我得找大锤！严重的事，得先问老板！我觉得漏水到楼下，令邻居很生气是很严重的问题。我问大锤：能不能亲自来看一看？他说他很忙，会派人来的。一会儿乔工给我来电话了，还是很客气的，说在西四环，我家在东四环，问能不能改天，我说邻居等着呢，他说他来，我又约了监理张工。

虽然有张工给我做主心里踏实，不过我也想弄清楚到底我有没有令他们做噩梦。于是，我想起了搜狐装修大学里的诸位同学，我一个电话把正在跟老板谈事的大楚从工作岗位给叫来了，把正在收拾准备次日赶飞机的"爱她就给她装修"给叫来了，把正在为结婚办喜酒奔波的有才媳妇给叫来了，还把胖蝴蝶从西四环给叫来了，希望大家一起见证一下我是怎么为装修公司制造噩梦的。

去楼下拆了吊顶一看，果然有漏水，确认是下水管破裂。首先，乔工摆明了态度：责任不一定在他，我买的是二手房，谁知道这下水道里有什么东西堵住了呢？如果这里面全都是水泥砂子，说明是他们的责任；如果是别的，就不是他们的责任。解决方案是：次日乔工带人来锯了下水道破的那一截，粘上新的就好了。

次日锯了一截，还没完全通。又锯了一截，通了！我是悲喜交加、喜极而泣啊！姐何时见过这么畅快的下水！

那么，堵住的到底是什么呢？一块厨房地砖大碎片、一堆水泥砂浆、一团被腐蚀了成丝儿的抹布状物，责任能是我的吗？现在总算是还了我一个公道。我向来得饶人处且饶人，到今天我也没有给大锤和乔工打电话问候他们：我如何给你们制造噩梦了？

**GAR☀N** 佳诺整体家居 **课堂总结：**

凭良心说，工长小乔对我们家还是不错的，几次更换瓦工以满足我的要求，即使乙方承担瓦工涨高了的工钱，也没有跟我提加钱的事。可能是我家装修太不顺了，各种状况频出，才导致乔工的爆发。但装修公司的噩梦真的不是我造成的，严格要求自己的装修工人，提高工人的技术和素质，才是消除噩梦的良策。

还有一点非常重要，请个监理是很必要的，在万般无奈、四面楚歌的时刻，还有一个人是站在我这边的。

# 装修时精心防护的下水管，怎么还没入住就堵了？

**第二十六课**

| | |
|---|---|
| 网　　名: | 1代天骄 |
| 装大学历: | 高一 |
| 所在城市: | 哈尔滨 |
| 装修感言: | 凡事预则立，不预则废 |

打装修之后，新房子我一直没怎么住。其间出现了很多问题，例如地砖有好几处裂纹、一个地方少弄了两个射灯等，我这个对装修要求不太高的人，对于这些问题就忍气吞声地自认倒霉了。

前天突然心血来潮去新家看看，用全自动洗衣机洗了洗衣服。水漫满屋呀，惨不忍睹。一边洗衣服一边扫水。多亏是地砖，要是地板就完蛋了。

下水管道反水了，严重反水。经物业排查和地漏商家排查，一致认为是地漏装修的时候进去水泥砂石了。说实话我不敢相信这个结论，因为装修期间我已经强烈声明要求给我的地漏做防护，不要掉进去水泥，而且监理特意和我说，给我的地漏做防护了。难道全是谎言吗？我家的三个地漏，有两个下水慢，一个反水。这样我以后怎么居住呀？联系管道疏通工，人家不来，说是PVC下水管道还是U形设计，用啥玩意都弄不掉，一弄就漏了。物业也希望我联系楼下邻居或者联系装修公司售后。

　　于是我联系了装修公司售后。我反复强调在装修期间，工人干活的时候把我的地砖保护膜撤掉了，忘记再重新铺上就继续干活了。

　　因为以前装修也出现了下水管道堵塞的问题，导致邻里关系很紧张，当时从1楼一直堵到4楼，一起反水。所以我这次特别强调装修前给地漏挨个做试水试验（以便于分清责任），装修期间必须给我的地漏做防护。这次装修后验收阶段没有再做一次试水试验，是这次装修最大的失误。同学们要吸取我的教训呀！施工前做一次试水试验，装修全都完活交尾款的时候一定要再做一次试水试验。如果装修前试水试验成功，装修后试水试验失败，那责任一定是装修公司的事情了。

　　在装修期间由于工人总是陆陆续续的，时有时无，总在等待中。所以刨地脚线的时候我去得晚了点，当时确实看到地漏上面封了透明胶带。现在看来这就是上坟烧报纸——糊弄鬼呀。如果还原现场，一定是在干活期间已经掉进地漏很多泥沙、石头块，然后怕业主发现就用胶带把地漏口封上了。也就是说，表面上是做防护了，其实是在隐藏施工错误。我还屁颠屁颠地说了很多感谢的话，人家多负责任

呀，主动就给做防护了。其实呢？这种行为真是损到家了。要是当时就发现进了很多水泥石块可以在楼下邻居家直接修理。现在都装修完了，我怎么能把人家的装修

给破坏呢？这不是给人家添乱吗？

话说联系装修公司售后，工作人员很热情地说马上联系一下工长，看看这个事情是否能管吗。不一会儿售后孙先生打来电话，说第二天下午2点左右过来看看。我新家离他们公司还不到5分钟的路程，看来他们真得很忙呀。好吧，经过各种沟通，终于专业疏通人员进场了，用凿子将地漏防返味的芯给凿掉了，一顿通。清除了装修时留在水管里的水泥、石块。

**GAR⊛N** 佳诺整体家居 **课堂总结：**

1. 装修过程中，要完工一项验收一项，发现问题及时返工，不要像我一样，等入住后才发现地砖裂纹、缺少射灯等情况。

2. 最后完工验收时，一定要逐项验收，比如管线、地漏等，全部合格后，才能交尾款，不要因为脸皮薄失去维护自己权益的机会，一些问题不及时发现，后果会是很严重的。

# 百转千回的墙面基层处理

**第二十七课**

网　　名: 午后花茶
装大学历: 高一
所在城市: 北京

**我**家的墙面几次刮了重来，过程可是百转千回，姚工长和油工百般委屈。唉，要是一开始就规规矩矩进行，哪来的这么多次返工呢？

## 油工进场之初印象

我家墙面处理第一天主要是修补空鼓和开槽处，并开始刷墙锢。妈妈去过工地，回来说看到工人们带白乳胶了，我立即打电话给工长老姚，叮嘱别用白乳胶。

第二天我和老公去了房子，也跟油工沟通了一下。这个油工看起来四十多岁，面相还是挺实在的，但是着实固执，超级自信。

跟他沟通工序的时候，我们嘱咐他现在先做到刷底漆为止，等地暖安装完毕后再回来刷面漆。结果他坚决地说："都是墙面全部弄完以后才装地暖的，全北京城都没有你们这样的工序，你们自己去问问……"

这个工序是我们和老姚工长确认好了的，只是跟油工再嘱咐一下，但是沟通了半天，他依然固执己见。好吧，我们就直接电话老姚了。

老姚说他已经跟油工说过了……

然后我们挂了电话就问油工，油工居然答"那你们听错了"，当即雷倒。行吧，我们不跟您说还不行嘛，直接跟老姚说，老姚找您就是了。

## 第一次返工

上面还只是个开始……我们觉得这油工不太靠谱，又跟他强调了一下贴布的时候别用白乳胶，要用美巢墙锢，还确认了一下剩下的小半桶墙锢够不够用，他信誓旦旦地说没有问题。

第三天我妈妈到房子以后，油工已经在贴第三面轻体墙了，妈妈当时就觉得气味儿不对，马上问油工是不是用白乳胶了，油工一脸淡定，坚称自己用的是墙锢。

还好当时老姚也在场，我妈见说不动油工，就直接去找老姚。结果老姚答曰多少都是有些气味儿的……

我妈不信，说闻过他们的材料，墙锢一点儿味道都没有，白乳胶却是有气味儿的。

最后老姚妥协了，让油工停工，但是墙锢不够了，又出去买了一桶新的，才让油工继续开工的。虽然是这样，还是不禁让人怀疑，难怪之前说墙锢够了，敢情当初表面上答应得挺好，是不是那会儿就打算用白乳胶的呀？

妈妈是当天中午给我们打电话告知此事的，还抱怨了半天，说油工的态度极差，我当时都有换油工的想法了。

我们赶紧又打电话给老姚问明情况。老姚倒是承认了用白乳胶和墙锢混合刷的，却坚持他们有施工经验，非白乳胶才能粘得牢。我晕，之前都说好了，也再三嘱咐了这个事情，最后还是按照油工自己的意思做了……

于是对于已经施工完毕的两面轻体墙，我们要求返工，还好老姚的态度还是可以的，马上让油工撕掉贴布，清理墙面后重新施工。

当时老姚说，油工怒了，不想干了。

嘿，还挺逗，不知道是谁应该生气呀，我们这儿都没生气呢，您发起脾气了。不干正好，我本来还念着你年纪大，不好意思说换人呢。

老公跟老姚说："不干不干呗，不管你们找谁来干，别耽误工期就行。"

后来听我妈说，油工在扬言罢工并摔了一通东西后，接了老姚的电话又老老实实回去干活了……

本来是想让他们撕掉的确良布以后把墙铲干净再重补的，但是油工没有铲墙，而是用水来擦洗的。姚工说铲墙的工作量太大了，好吧，只要能清理干净我们也理解，大家都不容易，最后我妈确认处理完以后基本没异味，就这么办了。

还有，轻体墙交界处他们的施工标准都是要牛皮纸+的确良布双层铺贴，结果油工都没弄，我妈跟他说了半天，他却一直坚称那里以前开发商都贴了牛皮纸，特别牢固，不用再处理了，还说我妈不懂……

还有墙面开槽的地方，也只是贴了牛皮纸……

总之就是各种的固执己见，沟通未果。

后来我妈直接不跟他说了，有什么问题都是跟我们反映一下，我们再找老姚，老姚再找油工……

## 第二次返工

几天后，我偶然听我妈说起上次返工时老姚去买新墙锢，不一会儿就买回来了，我就觉得坏事儿了，这墙锢肯定是在附近买的，现在市场上假货太多了……

我妈妈看不太清防伪码，就让她在工地把防伪码刮开拍照回来。结果我晚上一查，防伪码已被查询过了。这下性质可严重了……

这时候墙面都已经开始打磨了，我都有点不忍心让他们二次返工了。要是买回

当时发现就好了，当时还以为他们从正常渠道买的，所以没想那么多……

没办法，假材料就是假材料，再麻烦也得返工，何况是深埋在墙面里的，更加不好挥发。

于是所有轻体墙的腻子、贴布层和原有墙锢层都铲掉，再重头做起。

话说回来，其实这事儿老姚也挺冤的。他当时可能是怕耽误时间就在楼下买了，当时楼下那人信誓旦旦地保证了是真货，老姚买的比他们公司自己买的还贵……

唉，虽然老姚也是受害者，但还是得提高警惕性啊。连我第一次装修的都知道要检查一下防伪，一个纵横装修界几十年的老江湖怎么都没这点警惕性啊？最后返工费时、费力、费材料的。

## 总结陈词

虽然道路是曲折的，但拉回正轨后总算是有了个比较完美的结局。现在有问题的地方已经全部返工完毕，截至刷底漆前我们小验收了一下，墙面平整度、光滑度还算是可圈可点的。

## GAR�N 佳诺整体家居 课堂总结：

1. 装修的过程总不是一帆风顺的，总会有各种意外，心态平和地沟通和尽快解决问题是王道。

从最初我就没有指望哪家装修公司能一次给我家做到最好，尽管出现了一些问题，但是装修公司至少解决问题是高效和有诚意的，即使找了别家，也不一定会比现状更好。

2. 再好的装修公司，都不是业主肚子的蛔虫，不管有意无意总会出现偏离业主装修意图的事情，要想按照自己的想法来，必须得自己全程跟进。

装修是需要双方努力的，我觉得我们家都不是要求很高、吹毛求疵的人，但该坚持的还是要坚持，在此前提下多多地互相理解和包容。

3. 幸好找的装修公司，而不是装修队。出了问题至少找公司是会给解决的，他们更看重的是信誉。如果真遇上个不负责任的装修队，推脱责任的就不说了，即便是最后愿意负责，其间扯皮的过程都不够你累的。（此条仅为本人之小心得，不包括负责任的装修队。）

第二十八课

# 时代不同了，
# 还是实在不行了？

网　　名: 1代天骄
装大学历: 高一
所在城市: 哈尔滨
装修感言: 凡事预则立，不预则废

阳台改造计划注定是失败的，这回我真的决定认了。你说咋办就咋办吧。

今天中午单位同事聚餐，12点左右接到设计师热情的电话："哥，你的阳台吊顶我以前给你设计的圆形造型不好看，就像两个大窟窿一样，我就给你弄一个平棚吧。现在谁还弄那么复杂呀，越简单越好。"

我说："好，你说好就好吧。"同事听完我的电话描述都乐喷了。问我："你听过相声《画扇面》吗？开始答应给人家画一个美女，后来画不出来就改画张飞了，美女变张飞也算有水平，可是张飞后来又改成画假山怪石了，最后实在画不出来就给人家的扇面全涂黑了。白扇面变成全黑扇面了，让人家找人写金字去吧。你家设计师实在想不出来方案，就给你弄一个大平棚。平棚最大的特点就是平吧？"

同事笑我："这样你还同意呢？"我说："我也不能把人家逼死啊。"我家的设计师是一个"非常非常"努力的设计师，就是有点奇怪。阳台两边的墙，一面长点，一面短点，他量尺都没发现，也没说想办法帮我把墙弄直了。不过，我真的认了，我这段时间倒霉就倒霉在"热情"这两个字上了。

我在这家装修公司一共接触到了三位设计师, 现在这位算是最好的。第一位设计师热情但是不实在, 连马桶位置在哪里都不知道, 就说亲自去量完房子了。遇到第二位设计师热情但是没生活, 用心设计了, 我感觉得到, 但是太年轻, 设计的不太实用。第三位设计师热情但是没创意, 就是热情, 就是努力, 就是没创意。但是我签了, 想利用寒假期间赶紧装完房子, 我就不再挑选了, 差不多就行了。于是我就签约了, 于是我现在就特别麻烦了。

阳台改造也好, 原始设计也好, 它一定是一个整体的东西。设计师从没问过我以后打算在阳台干吗。是用餐吗 ( 我这是观江房, 阳台用餐比较惬意 )? 放电脑桌还是放跑步机? 我总觉得不管是天棚, 还是墙面、地板, 都要和使用功能联系一下, 你不能什么也不问, 就是今天告诉我这样好看, 明天告诉我这样不好看, 有没有综合建议呢?

策划学强调: 没有调研就没有发言权。纸上谈兵、闭门扒图还能算是设计师吗? 今天小商技术、小刘监理在巡查铺地砖的时候都发现了阳台墙面不直的问题。相差3厘米。一面比另外一面大了3~4厘米, 在图纸上怎么还是标准的长方形阳台呢?

我休假时间快结束了, 我现在决定不投诉、不修改, 耗不起呀, 认了呗。以后再自己想办法看怎么处理吧。

**GAR☀N** 佳诺整体家居 **课堂总结:**

1. 如果您打算装修房子, 请尽早开始考察装修市场, 省得像我一样, 时间有限, 仓促选择设计师, 酿成的苦果只能自己买单。

2. 装修设计不能只在电脑前看装修效果图, 而要在装修实地对应地看效果图, 这样更能直接发现效果图上华而不实的部分。

# 第六章 老房拆旧，拆的是银子

# 老房拆除太彻底，后继安装成难题

第二十九课

网　　名: 小鼠的鼠妈妈
装大学历: 初二
所在城市: 北京
装修感言: 装修就是先拆，后装，再修！

我家买的是二手房，都说二手房装修，是先拆再装，虽然这个房子的原房主去年刚装修过，但老公坚持要完全推翻重做。于是我找了一家拆旧公司，三下五除二，把旧房子的装修拆了个干净。可再装的时候，我却后悔了，拆得太彻底了，导致我好几项工程都大费周章。

## 歪装的防盗门

原来的防盗门去年刚换的，其实还蛮新的，本来想保留，但是因为水电改造地面找平抬高，所以内开的它只能被替换。

老公看上了某名牌防盗门，一问才知墙需要有10cm厚，我家那个墙薄得可怜，于是就放弃了。基于墙的问题，综合考虑了门的钢板和锁的问题，最终我们选择了丁级门配b级锁。

几天后门送到了，我赶到房子的时候，师傅们边开工边等我，一个在切新门，一个在拆旧门。

可是拆旧门的时候，悲剧出现了，两边仅剩的2厘米墙全部都碎了。早知道如此，我就选择甲级或者乙级门了，因为根本没有墙厚度的限制！可当时定门的时候还没开拆，谁想到这墙如此脆弱呢，唉！

处理了破碎的墙面，继续装门吧，第二个悲剧出现了，我家门上的墙不直，之前的门就是歪的，如果要装直的话，右边就要向外突出墙4cm，也就是门内右顶上墙要多出4cm，而门外顶上却没有墙。最终，为了配合墙，门只能继续歪。第二天老爸说，应该把门装直，上面的墙重砌。天哪，老爸，你这主意来得也太晚了点吧。

## 我家的墙，油工的噩梦，我的伤心事

之前提过，我家的房子去年原房东刚重装过，所以，墙面看上去非常好，当时纠结的也主要是下面的墙裙问题。

曾经也想过，不用把墙全部重做，看着下面拆的情况而定。但是等到正式开拆的时候，早就忘记了这省钱的想法。也从来没有一个装修公司会告诉你，把墙留着刷刷补补就行。工人风驰电掣地刮墙皮之后，我家的墙暴露了它真实的本质，让油工师傅郁闷的本质。

墙面严重不平，再加上墙裙造成的洞，以及年代久远造成的一些倾斜，油工詹师傅一看到我家的墙就想撤。他觉得无从下手！在工长说服下，连着两天，詹师傅一直在忙着补洞。预计我家的工期将超过20天。

当了解我家原来的墙面情况时，詹师傅表示干吗要全部铲了，可以直接把墙裙部分批一下腻子，到时候全部重新漆一下墙漆就行。这样大概3~5天就能完成，而且也不用花那么多钱！

我泪奔啊！

为什么，为什么我当时不直接找个油工来看我家的房子？

为什么，为什么我要全部重装这个房子，搞得现在木门也很让人郁闷？

为什么，为什么我要花这笔冤枉钱？心碎啊！

为什么，为什么我不直接拆了墙裙刷个墙就直接住进来，搞到现在入住遥遥无期？

为什么，为什么……詹师傅，你为什么要告诉我？

## 我家的木门，它不好装啊

真没想到，到目前为止，最让我纠结的居然是木门。前期工作没到位啊。

根据之前我的研究，挑木门主要考察以下几个方面：

1. 材质。木门价格从低到高是免漆门、实木复合混油门、实木复合清油门、纯实木门。纯实木门和实木复合门差距在门板内部实心还是有缝隙，内部龙骨的疏密影响复合门的价格。不过，内部的东西实际我们很难监测到，也只能听商家怎么说了。免漆门是在表面贴了一层仿木纹的膜，容易蹭破。

2. 五金门锁。要看包不包五金，包什么样的五金。某品牌的木门很多折扣价都不包括五金。五金分进口还是国产的，还看合页是两个还是三个，这些都能造成价格差。

3. 门套的材质。一般都是默认密度板的门套。有说法是密度板不好的话，时间长会松，导致合页坏掉。最好用实木复合的门套。但是某品牌木门的销售说，实木复合的门套容易受天气、水汽影响，没有密度板的质量好，他们不做实木复合的。这个孰对孰错，我就不知道了。

4. 用什么漆，据说比较好的是华润漆。

在纠结了不少日子后，我最终还是选择了搜狐装大论坛商家的木门。在约好的日子里，装门的师傅来到我家量尺寸，看了我家的状况，师傅表示我家的门不好装！出问题的是我家装门的墙！我家五个门大部分都是没有门垛的，仅有的几个也只有一半厚度，不够。

我研究门的时候，单单没有研究过装门的墙。装门的师傅说这老房子大都有这样的问题。此时，我又严重后悔开拆过于彻底，还不如把原来的门刷都留着，原来的门都有门垛。

因为之前计划订的是免漆门，师傅说这种门的门套可以在现场加工，所以，墙的厚度不足或者没有门垛都是可以现场解决的。但是我现在想订的是实木复合的门，这类的门套出来的时候已经是个半成品，主要是套上去，然后加套线。现场没办法操作太多，所以，师傅建议我找木工先搞定这些：

大卧：铁架子的厚度不够，要沿着铁门框向厨房那侧用木条加厚到9cm。

次卧：门头和一边墙的厚度不够，门头和墙都加厚到9cm；另一边没有门垛，做9cm假墙。门头和另一边都加厚到9cm。

小卧：一边没有门垛，按照旁边一侧墙厚度做假墙。

厨房：一边没有门垛，暂时可以不管，安装套线可能稍微有点不美观。

卫生间：两边都没有门垛，且做两扇推拉门太小，靠次卧那部分根据次卧加厚，门只能做50cm一扇，小点。

我哭了，心碎了。我家工长兼木工也哭了，他刚做好次卧和小卧的门头，都要重来了。最近请不要和我谈论任何和"门"有关的事情。

**GARON** 佳话整体家居 **课堂总结：**

如果您购买的二手房，原来的装修不错，能保留的就保留吧，省钱的同时还省心。如果实在是不喜欢原来的装修，要推翻重装，也请找来有装修经验的人仔细查看后再拆除。不要像我一样拆除得太彻底，原来房主为装修便利做的一些改善性硬装也一并拆除了，造成后继施工的困难，教训呀！

# 百密一疏，
# "小拆改"惹出"大麻烦"

**第三十课**

---

网　　名：君之友

装大学历：初三

所在城市：郑州

装修感言：勇敢面对，把家装当作一件快乐的事情

---

"**我**的老公啊！你摊上事儿了，你摊上大事儿了！"这是在我家装修开工不久，我的老伴儿时常拿我开涮、调侃时说得最多的一句玩笑话儿。我自知理亏，听了只好默默点头，笑而不答。

## 装修伊始，首尝苦果

我是一位步入花甲之年的老男人，凭借搜狐装修大学前辈同学对家居装修的感悟，依据自己的生活阅历、感受、习惯及对于装修的理解，我确立了自己的装修理念，简称为"一、二、三、四、五"，即：秉持"一个原则"（把环保放在首位）；实现"两个确保"（产品质量和施工质量）；把握"三个为主"（符合自己生活习惯、家具充分利旧、施工单位找论坛商家）；坚持"四个不比"（不与年轻人比新潮，不与有钱人比奢华，不与专业设计比效果，不与装修达人比高雅）；达到"五项要求"（简单、实用、舒适、纯朴、自然）。

由此不难看出，我本人对自己"老巢"的装修档次要求并不算太高，故决定不再请专业装修公司来做，设计方案由自己来出，大部分装修项目交给论坛商家施

工，个别"小拆改"则自己找人来干。但哪承想，正是这个看似不起眼的"小拆改"，却引来了一个"大麻烦"。

## 缘起鞋柜，出师不利

居家过日子的人谁都知道，每当我们外出回到家里的时候，进门儿的第一件事儿，肯定就是脱鞋、换鞋，并将换下的鞋子放在鞋柜里。鞋柜首先需要选择合适的摆放位置以方便使用，其次才去考虑采用哪种款式和美观、实用等因素。依此来看，很显然，鞋柜在日常生活中的重要性是不言而喻的。换言之，谁家能不需要配置个鞋柜呢？相信稍微讲究一点儿的人谁也不会把脱下的鞋子胡乱摆放在自家门口吧！这也就是说，你别看鞋柜的事儿不算大，但在装修设计时通常还真得把它的摆放位置作为首先考虑的重点问题来对待。

我家房屋面积不大，建筑面积89.15m²，套内面积70.44m²，两室两厅，户型设计相对比较简单，功能选择余地受到很大限制，仿佛很难找到一个放置鞋柜的恰当位置。鞋柜究竟放在哪儿？着实让我煞费了苦心，伤透了脑筋，在经过一番苦思冥想之后，最终也没能拿出一个令人满意的答案。

## 邯郸学步，照猫画虎

为了能把鞋柜的问题解决好，我决定先考察一下我家所在小区相同户型的邻家业主，看看他们是如何设计的。

据我所知，我们小区有半数房屋户型是和我家一模一样的。经过考察发现，他们中的绝大多数业主都是将位于厨房门口、临近入户门处，宽约90cm、高约230cm的非承重墙打掉，再请木工做上一个柜子，下半部分是鞋柜，上半部分是储物柜（也有个别业主做成了双面柜）。然后把厨房门设计成平开门或推拉门。看到这种做法，我感觉似乎也没有比这样的设计更为合理的了，除此之外鞋柜也确实很难再找到更加恰当的"安身之所"。

于是，我和老伴儿简单商议后便大胆做出决定，依照"按图索骥"、"照猫画虎"的方法去仿效别人的设计方案。心想，既然那么多家业主这么做，肯定有其合理性，也不会有啥大问题。再说，这件事儿看起来也挺简单的，做起来也一定不会很复杂，不就是找人先把非承重墙打掉，然后再整个鞋柜就完事儿了吗？总之，我觉得此方案是完全可行的。

## 仓促上马，"祸"起萧墙

既然可行，那就抓紧落实吧！说干就干。第二天，我便通过电梯里的"小广告"约来了一位砸墙师傅。听人说"小广告"不可靠，但这次却让我撞了个"大运"。我请来的这位砸墙师傅姓史，河南古都开封人，不仅人和气，活儿也干得特别好，墙边上的水泥柱子，还有许多漏头儿钢筋给我修整得那叫一个平整，我和老伴儿非常满意。大约用了一个多小时，活儿就干完了。接下来就只等着做鞋柜了。按照自己原来的想法，我打算采用订制鞋柜，并把订制橱柜和衣柜的活儿一块交给网络论坛某商家来做，这样既环保、美观，又省时、省事、省力，还能实现订制家具与原有老家具的基本和谐统一。想法显然不错，但这里我却疏忽了一个看似不太重要的问题——订制鞋柜对后续施工项目有无不利影响？有无矛盾冲突？能否完美切合？

## 出乎意料，弄巧成拙

我家水、电、暖改造施工完成后，我便赶紧约请订制橱柜的商家派人上门测量、设计鞋柜和衣柜。咳！商家还真够重视的，来的是他们家两位老总，可以说都是橱柜"专家"。

真是无巧不成书！俗话说得好，"行家一出手，就知有没有"。两位老总一进门儿，看到我家打掉非承重墙之后的现场状况，并得知我要订制鞋柜时，他们立刻感觉到了问题的存在，随即提出了以下五点质疑：

质疑一：订制鞋柜（包括成品鞋柜）与地面、墙面的结合，不稳定、不牢固、不坚实，无法固定厨房平开门的门框，导致无法安装平开门（之前已经预订），只可考虑安装推拉门。

质疑二：如若请木工制作鞋柜，除了板材和油漆环保问题外，还有木工师傅手艺、工艺水准很难达到理想效果，并存在与成品家具、木门不易匹配的问题。

质疑三：由于我家地暖施工已经完成，即使是请木工现场制作鞋柜，地面上也是不能打任何钉子的，若要固定门框显然非常困难。

质疑四：即便是前面三个问题都解决了，也还存在门头上方至承重梁之间约有30cm的空间距离如何填实的问题，即使内钉木框架、外贴石膏板将填实问题解决了，但天长日久结合部位可能会出现裂缝，且有碍观感。

质疑五：若将打掉承重墙后的空间全部做成推拉门的话，门体又可能会显得高、宽、大，与其他三个室内木门不匹配、不协调，同时原本打算制作鞋柜的初衷肯定会"泡汤"。

听到这里，我猛然一惊，顿时愣住了。不料想，半路杀出个"程咬金"。这时，我才真正意识到了问题的严重性，同时也隐约感觉到了接下来将要遇到的诸多麻烦。咳！事情的确没有先前想象的那么简单。难怪老伴儿说："早知道有这么多事儿，说啥也不打墙了，纯粹是自找麻烦！用一句歇后语做比喻，那就叫作'猴子的帽子——没有戴烂硬捣鼓烂了'。"仔细一想，还真是有点儿那意思呀！

## 将错就错，亡羊补牢

事已至此，后悔和埋怨都是没有用的，只有面对客观现实，制订出切实可行的补救措施和优选方案，才是唯一正确的做法。很显然，我们不可能为此再把非承重墙重新垒砌起来。怎么办呢？我和老伴儿经过反复思索与"沙盘推演"，初步设想了两个方案：一是厨房改装钛镁合金门，安装透明玻璃，彰显宽敞亮堂，并与餐厅相互映衬，但前提是必须舍弃原定在此放置鞋柜的打算，鞋柜问题另作安排，实在不行，可考虑买个小点儿的成品鞋柜放在入户门处凑合一下；二是请高级木工制作鞋柜，选购上等带本色木纹的板材，涂刷优质环保木器漆，牢固锁定鞋柜位置，确保能够固定厨房门框，照旧安装实木平开门。

## 比权量力，短中取长

针对方案一，我和老伴儿不顾天气炎热，先后两次到建材市场跑了多家合金门业，看了多款推拉门儿（包括木制的），其中有高度直通屋顶双开门的，也有在门上部开亮窗的，颜色还可以做成与室内木门同色的，做工很不错，价格也能够接受，总体感觉还行。但总有一点是内心难以接受的，那就是高、宽、大的厨房门与其他室内木门有着明显的不协调感。

针对方案二，我们也走访了多家施工现场，重点考察了几位木工师傅，并专程到木材市场对拟用板材、油漆进行反复比对和筛选。

通过对以上两个方案的仔细对比，综合考虑各种利弊得失，我们最终还是选定了第二个方案。

## 雨过天晴，完美结局

说实在话，我内心非常喜欢实木家具和原汁原味的本色木纹儿，而特别厌恶各种贴皮的假木纹儿，我家原有的老家具就是浅黄色的本色木纹儿。因此，我决定选择某品牌的山杂木实木指接板制作鞋柜，其颜色与我的老家具十分接近。之后在朋友的帮助下，我请来一位颇有技艺的老木工师傅，在参照他人设计方案的基础上，我自己画了一张草图，设计了一个既简单大方又美观实用的置物、换鞋两用柜。鞋柜被稳稳地固定在预定位置上，非常牢固，丝毫不会影响厨房安装室内平开门，先前担心出现的种种问题基本上得到了圆满解决。

鞋柜木工活儿完工后，经过一位好心油漆师傅的指点，我决定自己DIY做油漆。油漆工序大致需要六个步骤：第一步，用红、黄、黑三种色粉配腻子调出与木材一致的颜色，用来补钉眼儿和面板坑凹处，等待晾干；第二步，用砂纸将鞋柜表面打磨一遍，基本要求是达到光滑、无毛刺；第三步，用稍微湿润的毛巾将表面浮尘擦拭干净，等待晾干；第四步，涂刷第一遍油漆，刷漆时应尽可能顺着本色木纹儿的自然纹理刷，刷子沾漆要适量，用力要轻柔、舒缓，涂抹要均匀，刷过之后能够看到木器表面留有一层薄薄的漆膜，然后等待晾干（快干型油漆约20分钟即干）；第五步，再用砂纸将鞋柜表面打磨一遍，基本要求同前；第六步，涂刷第二遍油漆，基本要求同前。当然，若油漆富余的话再加刷1~2遍更好。我所使用的木器漆是某国际知名品牌原装进口环保清漆，不仅没有异味，外观效果也不错，邻居和网络论坛的同学看过后都赞不绝口。

**GARON** 佳诺整体家居 **课堂总结：**

　　但凡有过装修经历的人都知道，在家居装修中，由于每个人的阅历、想法、生活习惯、欣赏水平、风格爱好等诸多不同，加上对于开发商设计意图有某些不同看法，而对自己的房屋结构、布局进行一些适当的小拆、小改，应该是一件非常正常的事情。但是否真的拆得合适、改得必要，那就要考验业主自己的经验、智慧、能力和水平了，尤其是对于那些没有请装修公司的业主来说更是如此。

　　我在装修中所遇到的这件事儿，虽然说最终找到了一个比较妥善的解决方案，其结果也算比较理想，但我认为教训仍然是十分深刻的。它除了给我带来了诸多不必要的烦恼，增添了伤心和痛苦，还浪费了不少人力、物力和财力，并延误工期长达半月之久。

　　实践让我真切地感受到，家居装修不仅是一项"百年大计"，同样也是一个复杂的系统工程，往往会出现"牵一发而动全身"的情况。我觉得整个装修过程，犹如下棋一般，每个"棋子"（施工项目）都不是孤立存在的，每走一步棋（各工序之间）也都有着相互密切的联系，我们务必要有全盘（局）意识，走一步看三步甚至更多，才能避免顾此失彼、瞻前不顾后现象的发生。

# 少花钱也能办大事：
# 拆旧建新 vs 修旧如新

**第三十一课**

| | |
|---|---|
| 网　　名: | 平民女 De 实木家装 |
| 装大学历: | 大四 |
| 所在城市: | 北京 |
| 装修感言: | 找一个好工长，让他做半个主，你做半个主，就 OK 了 |

**俗**话说："不破不立"。装修都是从破字开始的，砸墙、拆门、拆地板、拆墙、拆窗、拆家具……只要可装的地方，就都有可拆的地方。

如果是二手房装修，那情理所致，不拆旧怎么能装新呢，可是，新房装修，也同样少不了拆，只不过，这拆不是拆旧，是拆新。甭管装上的时候花了多少钱，就算是"亮新"一天都没有用，拆下来的时候，就变成了垃圾。

可是，开发商预留的东西，都隐含在了我们的购房成本中，对于食之无味、弃之可惜的鸡肋，除了拆旧建新，还可以修旧如新。我家的阳台护栏和防盗门的改造就是这样两种做法的很好例证。

## 阳台护栏拆旧建——新装上时是宝贝，拆下后是垃圾

交房时，客厅、阳台、卧室、飘窗位置开发商已装好了不锈钢的护栏。考虑到阳台要铺砖、飘窗要铺大理石，为施工方便，护栏都要先拆下，等铺好砖，再把护栏装上去。

我家开工晚，别人家阳台护栏差不多都安装到位了，我才开始联系拆护栏，拆装护栏的联系人是位女业务员，除了护栏的拆装，还可以根据自家阳台需要，将护栏的大柱小柱做切短的加工。考虑到我需要将阳台护栏下面的窗台加宽放花盆，最后确定把护栏拆下来，护栏中的小柱切短一点，等贴上瓷砖，再把护栏给装上。费用好说歹说，

开发商预装的不锈钢阳台护栏整体效果图

最后给优惠了50元，留下联系电话并约好两周后安装，装上后付费500元。

过了两天，我去新家，看到护栏给拆下来了，扶手和大柱横倒在地上，60个小柱拿走加工去了。

然后就是瓦工进场，铺地砖、贴墙砖，木工进场，做家具等等。护栏的事也渐渐被我忘记了。直到过了两个多月后，我的一位专家朋友过来，看到木工做的家具，除了指出了贴上的石膏线与实木家具不搭的问题外，还强烈建议换掉阳台上的不锈钢护栏，换成与实木家具相搭的实木护栏。

不锈钢护栏长7米，按200元/米，加上安装费总计应该是1500元左右。当时陪拆护栏的女业务员上楼查看时，她说我们这个护栏是好护栏，用料足，材质好。所以我理所当然地想，跟她联系上，把这个整套的护栏"便宜一半（100元／米）"卖给她，她应该会很高兴接受，然后我再买实木护栏。

这种在小区搞游击战的施工队，估计是又找到了一个新的阵地，把我家这一星半点的活儿早忘了，说好的两周后安装，两个多月过去了，杳无音信。我费了不少周折，才找到了之前她家在我们小区留下的联系电话。

还好电话打过去就接通了，听得出来，接电话的就是跟我联系过的那个女业务员。我解释说："我家现在不想用这个不锈钢护栏了，这护栏都没有用，你也看到了，材质还是很好的，你看能不能把这个护栏便宜卖给你？"

我以为对方会满心欢喜地接受，还做好了还价的准备。没想到对方一盆冷水泼来："再好的护栏我们也不要，我们家有很多的护栏。"

这样的回话，让我突然不知道如何应答，停了一会说："你们家护栏是多，但这个护栏好好的，从来没有用过，可以接着给别人家用呀"。

对方除了态度坚决，还说出了之前的拆装费："你的护栏我们不收的，原来说好的拆装费500元，现在不用装了，你就给我们200元拆旧劳务费吧。"

"啊——"这电话打的，打过去不仅没有卖给人家，还得倒贴200元。想到拖延的工期，想到查询她的电话种种周折，我开始有点恼羞成怒了："说好的两周时间给装上，你们拿走都两个多月了也不给我送来，你要是早送来，我早就装上了。如果我不打这个电话，你们是不是把我这给忘了？现在都过了两个多月了，我还想找你们要损失呢？"没等对方回应，说完就把电话挂了。

放下电话，心里仍忘不了那个女业务员说的200元拆旧费，无论如何也得把这200元护栏拆旧费挣回来，于是就找附近写着"护栏"、"装修"字样的门脸房进去，老板一听护栏就笑脸相迎，但接下来听到问他们回收不回收，就没兴趣了，摆手、摇头、拒绝。

问过几个护栏的门脸后，知道折价卖没戏了，只好等着收垃圾的来收了吧。遇到小区一个收垃圾的小伙子，我问，你这回收护栏吗？他倒很痛快，说收。我说多少钱，他说100元一套。我一想反正扔着也是扔着，给100就少损失100，就把小伙子带上楼了。

收垃圾的小伙子上来，看看阳台和卧室飘窗，又看看横倒在地上的护栏扶手，顺手就往外搬，边搬边问："小柱呢？"我这才想起来，小柱还在原来拆护栏的那家，他说给送来还没有送来呢。然后小伙子重新把护栏放在地上说，你这没有小柱了，我就不能按套收了。我说那怎么算，他说只能上秤称，按废铁价，有多少算多少。眼不见心不烦，赶紧处理了腾地儿，也懒得再和他争辩了，就让他称了，他给我一个报价:36元。唉，这价格跌得都没有底线了，没有最低，只有更低。

离开的时候小伙子还给我留了一句活口："等那些小柱送回来了，你给我打电话，我还按100元给你。"

呵，估计拆装护栏的是真心忘了，我都入住半年多了，那60根小立柱也没有给我送来，看来那200元拆旧费也一并给忘了。1500元的阳台护栏以36元的价格终结了它的使命。

## 防盗门软包——修旧如新，少花钱也能办大事

现代人普通缺乏安全感，那安全感从何而来？这重大的任务只有防盗门才能承担。

小区刚开始装修时，就有部分邻居换防盗门。更换的理由是开发商预装的防盗门质量差、铁皮薄、密封不好、锁不好开等。于是一家防盗门厂商专门在小区贴小广告揽生意，内容则是：防盗门以旧换新——付2800元安装新防盗门，旧的防盗门以260元作价抵安装费。

装修也患"传染病",前面的人换了,后面就有跟风的。也有一些人对此不以为然,比如我。我不是缺少安全感,而是安全感在我这儿没必要:买房、装修,家里都负债了,存折没钱,欠条不少。要是小偷光顾,估计偷不到钱,可以顺便带走几张欠条,我还得谢谢他呢。

当然,这些只是玩笑话。看着不少的邻居换了新的防盗门,还是有一些动心,只不过有了这次护栏的拆卸经历,防盗门的拆换,就不再这么盲从了。而从最终的效果来看,还是很值的,因为找到比换防盗门更好的替代方法——防盗门软包。

给我们小区做防盗门软包的是一对80后的小夫妻,妻子打下手,丈夫主操刀。

防盗门软装后效果

为了跟门套线的实木颜色相搭,特意选了一个相近的颜色,在防盗门原有基础上,加上一层薄海绵,外面包环保皮革面料,夫妻俩配合默契,半个小时左右,防盗门软包就做好了。又跟物业联系了一下,物业给帮着换了个锁心。

软包后的防盗门密封严、保暖、隔声兼顾美观,并可以减少开门关门时的噪声。最主要的是花钱少,防盗门软包450元,与更换新防盗门的费用2800元相比,这种修旧如新的防盗门软包,真是少花钱办大事。

与护栏拆旧当废铁卖相比,我对防盗门没有拆换而做了的软包+换锁心的改造方式超级满意。

**GAR◎N** 佳诺整体家居 **课堂总结:**

其实家装中要拆的远不止这些,在拆与不拆之间做出选择前,最好先考虑一下,除了简单地拆除,是否可以在不拆的基础上做些装饰,这才是真正意义上的"简约而不简单"。

# 一波三折也没砸掉的墙

第三十二课

网　　名: 上了发条 de 璇玑
装大学历: 初二
所在城市: 北京

物业，是装修中不能绕过的一道坎儿。有的人家坎儿高，有的人家坎儿平。我家碰到的物业坎儿，高得翻不过去了，一边翻一边哭，泪水都快把坎儿淹没了也没翻过去啊，弄得我这一周每天都想要自挂东南枝了……唉，拆个墙容易吗！

## 开工！拆墙、换暖气首次被否

开工手续其实非常简单，不过就是"填表——交钱"罢了，如果碰上像我们家这样"负责任"的物业，手续也不过就是"填表——说服教育——重新填表——说服教育——交钱——继续说服教育"而已。

填表同时，还需要施工队伍出示营业执照。表的内容就是你家的施工大概时间、施工事项等，表下面还有一些不允许施工的项目和施工时间等等，业主和工长需要签字。我家的张工长一开始填写的施工项目分别是:

1. 刷墙漆、贴壁纸；

2. 水电路改造；

3. 更换暖气片；

4. 拆改非承重墙；

5. 铺贴地砖地板。

物业小哥看完之后，表示暖气片不能换。众人面面相觑，异口同声地问："只换暖气片，不改暖气管。"物业小哥："那也不行。"……汗！见过装修不改暖气片的吗？还是铸铁的！和这位小哥好说歹说说了半天，竟然还是不从。正在我思量着干脆"一不做二不休，自己拆"的时候，这位小哥又说现在刚停暖，正在带水保养呢，里面还有水，怎么都不能拆。

……算了，就这样吧，难道暖气漏了大洞你还不让我换吗？……暖气问题第一轮攻关未果。

之后，小哥表示你这墙也不能动。我和工长带设计师解释半天。这墙只有10厘米，一推就倒了，怎么都不是承重墙，推了没事。小哥表示，你们说是非承重也不算数，要住建部的房屋安全鉴定专业人员来鉴定才行。我们问他那里有没有开发商的设计图纸，一看不就知道了。小哥表示，没有，我们不是自带的物业，我们是后来新换的。

……算了，就这样吧，我就偷偷拆了，你能拿我怎样？……拆墙问题第一轮攻关未果。

在物业人员的说服教育下，我和工长重新填了表，把之前的拆墙、换暖气都去掉了。物业小哥总算没有为难我们，给我们开了一张单子，列明了要交的押金和垃圾清运费用，然后痛快地放我们走了。

开工前最后一步，当然是要在电梯间贴上我家的装修公告，然后就一切准备就绪了。

## 开拆！一日两次巡查，偷拆梦破灭

终于开始拆旧了，可是我家负责任的物业人员一日两次巡检，每次都来提醒我家工长，不能拆墙。来巡查的物业大哥每次都一脸的坚毅，似乎要推墙得先推倒他似的。唉，物业大哥们，你们怎么就不能睁一只眼闭一只眼呢？

对这位物业大哥我们用了各种强硬态度，他不从，于是只能来软的了。我和老公又是递烟又是递钱，各种软话进攻：哥们儿，这钱你拿走，你们经理那，干脆就别报了。没想到这位大哥各种不收，咬死了不松口。不过大哥倒是给我们指了条道，说只要经理同意，那他肯定没问题。

唉，虽然我心中认为，就算我把墙直接推了，你物业能拿我怎么样呢？但是毕竟日后还要在这里住呢，与人为善，大家高高兴兴把事情办了岂不是更好？因此，我和老公把物业经理单独约出来见面了。

没想到之前给我们办开工的那个物业小哥就是物业经理。唉，真是人不可貌相。我俩软硬兼施地说了半天，他就是不同意。不过态度倒是诚恳，他说暖气片你俩偷摸换了就得了，等过一段时间，给他打个电话让他帮忙泄水就行。

但是，墙死活不同意拆。于是，我表示，那我就拆了，你能如何呢？他说我上报住建部，然后人家来找你俩谈话，然后停工整改，还要交罚款。

这……一面非承重墙，至于吗？……

然后他说，如果你真的非拆不可，也有一个办法，那就是叫房屋安全鉴定中心的人来鉴定，确定可以拆，然后出一个报告给物业，你就可以拆了。我想不就跑一趟吗，干脆让人家来鉴定一下子得了。

## 鉴定墙体！怎么都拱不出来的鉴定报告

决定去房屋安全中心鉴定墙体是个超烂的决定。当我好不容易顶着早高峰来到了房屋安全鉴定中心，填申请表、签字等整了半小时后，人家说，要收上门费用3000元！上门费用3000元！3000元！这个"振奋"的消息吓得我签字笔都掉地上了。之后就是各种砍价各种卖萌，竟然让我砍到了500元。

为了抓紧时间，我直接开车带着房屋安全鉴定中心的三位专家去往工地，免得人家自己去还得各种安排时间。到了之后，三位专家很认真地进行各种测量、各种拍打、各种观察、各种看。然后年长的那位老专家告诉我说，这不是承重墙，拆了应该没什么事情，但是我们不能给你出报告。

……

你们搞这么半天，就是要告诉我一个我早就知道的事实吗？不能出报告我还叫你们来搞啥啊？为啥子不能出报告？

在我一通怒吼下，老专家平静地告诉我说："我们出报告的话，万一出了什么事情，我们还得负责任，所以我们一般不轻易出报告。"

　　我弱弱地问，那你们的报告都是出给什么样子的墙呢？老专家表示：一般那种开发商没建的墙，前业主自己建了墙，后来的业主要求拆除，我们就能给出报告……

　　到此我已经出离愤怒了，实在不想多说半句话。不过老专家最后说了一句话让我心情微微好转，他说：不出报告就不用交钱了！

　　至此为止，拆墙风波结束，我也不想再和物业去费那个劲了，浪费时间、浪费精力，不拆便不拆了吧！还省得我拆墙建墙浪费钱了……

**GAR◉N** 佳诺整体家居 **课堂总结：**

　　虽然，整个过程物业让我十分火大，但是事情过后冷静下来，他们这种认真负责的精神还是让我不得不敬佩。无论是物业大哥还是物业小哥，都面对金钱没有动摇。

# 第七章 神呀，赐给我一个好工人吧！

第三十三课

# 超级闹心的瓦匠活儿！

网　　名：榆士闲
装大学历：高三
所在城市：沈阳
装修感言：把装修，当作一件快乐的事情来做；
　　　　　把装修的过程，演变成学习研究的过程

**我**只想把自己在瓦匠用工方面的教训写下来，展示给大家，给朋友们提个醒儿。也请列位评论下，看看到底是我过分吹毛求疵，还是工人的人品、手艺确实有问题。

先后用了两个瓦匠，罗师傅和蒋师傅。第一位罗师傅，沈阳当地人，把活干得那叫一个超级闹心！后来实在忍无可忍，便把他给辞了。这中间出现了无数的意外，有些情况让你连做梦都想不到。由于此前跟罗师傅就比较熟了，交锋时，实在不好意思跟他再多说什么，就采取了一个比较另类的做法——给他写了封信！当时他看完这封信，臊得满脸通红，一句话没说出来，工钱要了不到一半，黯然神伤地离开了我家。

## 给瓦工罗师傅的一封信

尊敬的罗师傅：

您好，最近辛苦，见字如面。之所以给你写这封信，不想当面与你交锋，主要是因为我们毕竟是老朋友了。在为人处事的风格上，你是了解我的，有些话实在不好意思当面说出口，就用这种方式与你交流下。

提起我们之间的交往，差不多也有六七年时间了，你曾先后给我家干过两次活儿，算这次已经是第三次合作了。如果没记错的话，你是我们单位的领导介绍的。简单算了一下，你大概给我们单位七八位同事家里干过活。当时大家对你的评价那叫一个好哇！都说你活儿好、人讲究，还主动替房主考虑，想方设法为房主省钱，俨然一位大师级的人物。事实上也是如此，前两次活儿干得确实是相当不错的。那时用的砖还没有这次买的好，但效果却是十分明显，亲戚朋友看了都说好。

这次装修也没多想，肯定还要找你。于是大概从六月份就开始约你，你的活儿确实也挺忙，一而再再而三地让我等。没办法，认定你了，多长时间都等着。80平方米的房子，厅里不铺砖，仅厨房卫生间，你要2000元。还记得当时的情形吧！我是一分钱都没跟你讲啊，就是想让你心里舒服，指望着你尽心尽力地做活儿。

这次装修用的瓷砖，可以说是下了血本了，都是十大品牌里的，应该算是"顶配"了吧！反正基本上把能买到的最贵的都买回来了。

砖买回来都快一个月了，你还让我等。我忍，等着。这时，第一件让人不愉快的事情发生了。终于约好了第二天早八点开工，我特意请了假在房子等你。快八点半了你来个电话，说上一家没干完，还得等两天。当时我也没说啥，但心里相当不爽。这里就问你一句，上一家干不完你是当天才知道的吗？你不会提前告诉我一声啊！让我请假等你，这不是泡人儿吗？两天后还是一样，还没干完。直到第四天头儿上，你终于大驾光临了。

当时你是一个人来的，按惯例像你这样的"大瓦匠"，应该带个和灰拌料的小工儿才对。你说小工回老家了，两天就回，当时就知道你在撒谎，不过是想节省点开销、多挣俩钱儿而已，心想算了吧，反正当初讲的是活儿，又没按工时算。但是你知道，你这样干，是很影响我的进度的！事实证明，我的判断是正确的，直到你离开我家，也没见到你那个"两天就回"的小工。

在我接触过的诸多工种中，罗师傅你是最能"耍大牌"的！每天上午八点半、有时九点多才到，下午不到五点就收工走人。大夏天的，早上四点不到天就亮了，晚上快八点还没黑。干活儿这玩意讲究个赶早赶晚，天凉快人舒服，出活儿。你可倒好，最舒服的早晚用来睡觉，最难受的中午用来干活，你得劲吗？看看人家对面屋的蒋师傅两口子，早晨六点不到就开干了，晚上过了六点半俩人还在忙活，中午人家媳妇就在工地用自己带来的电饭锅开火做饭。两家几乎同时开工，人家厨房都开始铺地砖了，你才起来三层墙砖，你好意思吗？一天天地陪着你，就是不出活儿，有两次觉着实在太磨叽了，就旁敲侧击地点一点你。你说媳妇在铁西开了个麻将馆，有时候得去帮忙照应照应。

这我都能忍，反正活儿就这一堆一块，干完就行呗，新房也不着急住，晚几天就晚几天，没关系。谁让咱请的是位"大师傅"呢！于是，在施工过程中，给了你我认为是足够的优待。罗师傅，你心里应该明镜儿似的，2000元一分钱没跟你讲价，还哪有供饭的？但你回忆一下，你在我家干活这二十多天，哪天不是好饭好菜地伺候着，偶尔还得喝点儿。有两次干得稍晚了一点，连晚饭我都管了。这不都是钱吗？但没办法，谁让我看好你呐！几乎每隔一两天我就给你端上楼冰镇的沙瓤大西瓜，你吃得那叫一个美呀。好好想想吧，在别人家干活，有人供着你冰镇西瓜吃吗？开工后，你说"去买箱矿泉水回来"。这个不用你说，早就买好了，在后备箱里，两大箱呢，搬上来就是。也不单对你这样，我对每个工人都这样，大夏天干活不喝够水还行吗？但在我的印象里，一般是没有工人主动张口要的！事实上，我自己喝水有时也是用家里的净水器过滤后烧开晾凉镇好，再灌瓶里放在车上喝。一方面确实省钱，另一方面我觉得这水比买的还干净。你还不止一次地暗示我，"其实我平时就爱喝点可乐！"我儿子还没没天喝可乐呢，你谁呀？假装没听见，没理你。再说了，那玩意儿好吗？喝多了你不怕得糖尿病啊！

由于我家弱电这块儿比较特殊，各屋地面上弯弯曲曲将近30根管子，所以工序与别家稍有不同，必须先把地面打上，否则都下不去脚儿。地面找平这道工序让我跟你磨破了嘴！事先说好了要压光，等到干时你说啥也不给压，说太麻烦没必要。我也知道这不是必需的，但我们是早就讲好了的啊！你怎么能出尔反尔呢？好说歹说嘈叽了快两个小时，你也没按我说的干。有这工夫干都干完了，你可真恨呐！另外，在打地面的时候，我反复交代：因为有些线将来还可能更换，所以穿线管让电工做的都是漫弯儿，抹灰时小心些别破坏了弯度。但你是咋干的呢？拐角处你发现不太顺手，居然用脚把穿线管踢瘪！你这不是祸害人吗？

如果以上这些还都不算什么，那么到了你的专业——贴砖的时候，罗师傅，你的粗心大意、不负责任、知错不改、推托搪塞等等不专业和劣根性，就都赤裸裸地暴露无遗了！

1. 图省事儿，不愿全屋放线。为了保证整面墙的砖都在一个平面上，瓦工在施工的时候一般都要先"放线"，就是用棉线钉个方框，用水平尺找准。这些技术上的问题，你比我清楚。况且以前的两次活儿，你也都是这么干的。这次发现你没有放线，问"行吗？"你说没问题，手上有准儿！真后悔听信了你的鬼话，导致一面墙整体向后倒！究竟差多少角度我也不知道，但我知道工程的标准应该是墙的上下两端相差不能超过3mm，超过这个尺度肉眼就能看出来。从我家这面墙的样子看，估计相差最少在1cm以上！关键是，这种失误是致命的，没办法改正，要想纠正只有全盘推翻，砸掉重来。另外，瓦匠为了对缝儿精准，一般都要在砖缝里垫插一些牙签之类的小细棍儿或者包装袋之类的小薄片儿。怕你图省事儿反而耽误事儿，先后问过你好几次，"我用不用给你买些牙签回来？"你又说不用，有准儿！可结果呢？你自己说。

2. 工具低劣，水平尺居然是个坏的！毕竟有过几次装修的经验，我懂得"第一层墙砖"对瓦匠活儿的重要性。这最下面的第一层墙砖贴好后，接下来的砖便一块儿倒一块儿，所有的砖都要以它为"标兵"、向它看齐，就像秤杆子上的"定盘星"。所以就要尽最大的努力，力求把这层砖做得近乎绝对平直。这样的关键技术环节我当然不能放过，跟你一起反复测量了多次。但贴到上面几层时，还是发现不够直。为什么呢？真是见鬼！那天你收工回家后，我蹲在地上研究了半个多小时，最后终于让我找到了原因：原来你的那把水平尺居然是个坏的！！！用尺子的一面量是一个刻度，用另一面量又是一个刻度。简直太荒唐了！赶紧到楼下建材店花20元买把新尺给你用。另外，你用的无齿锯片质量也不过关。发现你在给瓷砖倒角儿磨边的时候经常崩碴儿，据对门的蒋师傅说，除了瓦匠手法的关系外，锯片也很关键。你用的是两块钱一片的，用八块钱的就好得多。罗师傅，你因为这六块钱的事儿，浪费了我多少块瓷砖？舍不得花钱你说话呀，我去买，多大点事儿啊！

3. 马虎大意，没有对花儿。为了避免白色墙砖过于单调，我买的瓷砖是有水波暗纹的，纹理一端宽另一端窄。这一点，你并没有仔细查看，恰巧那天我又没到现场监工，你就随手贴了上去。后果非常严重，不知道的还以为你在搞行为艺术呢！好在被我及时发现，并用红色粉笔一一打叉作了标注。这没啥好说的，揭下来重贴吧，但起坏了好几块砖，这玩意儿挺贵的，心疼我的银子啊。还有一条，我不知道你是抽风还是故意的，至今也没想明白。无齿锯这东西在瓦匠活里只有一个用途：倒角儿磨边。切割瓷砖的直边是绝对不能用锯的，否则再高的水平也难免留下豁口。切砖要用你们瓦匠专用的"玻璃刀"，划出印儿后，垫在小铁棒上双手用力摁下掰开，这样切口才能平整。而你呢？竟然有三块砖是用锯锯开的，满是豁口就贴了上去！这是严重地违反操作规程，我都不好意思用沈阳的埋汰嗑儿说你。

4. 算尺不准，导致散砖靠边。瓦匠在计算用料尺寸上，规矩是这样的：尽量保证整砖铺贴，如果实在安排不开，也不能把窄窄的一条摆在一个边上，要尽可能往两头"赶"，否则看着就很别扭。更讲究一点的做法是，墙或地面边缘上瓷砖的尺寸，不小于整砖尺寸的一半。罗师傅，这一点在你开始干活之前我就明确提过要求了。你还煞有介事地测算了一番，说没问题，能赶到整砖上。可结果呢？在厨房墙靠门的一侧，你居然给我留了一条2cm宽的窄条！问你怎么回事，你说之前是算好了，没想到铺着铺着就串出来2cm，反正挡在门后，影响不大就这样吧。当时我已经有些出离愤怒了，反问"你说行不行？"你说那就把相邻那面墙加厚吧。我琢磨了半天，恐怕也只有这一个办法了。但是罗师傅你应该很清楚，把整整一面墙加厚2cm，缩小室内有效面积不说，单是砂子水泥也是需要不少银子的！

5. 知错不改，反找各种荒诞不经的理由推卸责任。罗师傅，你是专业人士，检验一个瓦工手艺最简单的办法就是"看角儿"，根据位置不同又分为：平面上四片砖接在一起的"对角儿"和立面上两片直角砖之间的"倒角儿"。看看你的水平吧，"对角儿"的四片砖，好几处不在一个平面上。"倒角儿"两片立砖之间的缝隙又过大，虽然这样做可以减少在以后使用中的磕碰崩碴儿，但老哥你做的这个缝子也太大了点吧！你当我真的不懂？蒙谁呢？当我质问你时，还记得你是怎样狡辩的吗？你说这砖有尺差！我怒，你看哪个品牌的砖是绝对没有尺差的？别人家用六七块钱一片砖，也没铺出你这个效果来呀！我用的这些牌子，恐怕那些大款家别墅里用的也就不过如此了吧，再有钱也不能从国外买瓷砖运回来吧。国内市场上质量最好、价钱最贵的，也就是这几个牌子了吧。罗师傅你每年干这么多家，不是每一家都能给你用我家这个档次的砖吧？你又说，勾完缝就看不太出来了。我再怒，这叫什么工作态度？瓦匠全指勾缝活着啊！然而，更为荒唐的是，在说到铺贴不平这个问题时，你给出的答案竟然是：你家墙面不平！我还得怒，地球还不平呢，不盖房子了？要你瓦匠是干啥吃的，不就是把不平的找平吗？横平竖直，对瓦匠来说，应该算最基本的要求吧，这个标准过分吗？

6. 心里没数，反复多次补料。瓷砖先后补了两次，就不说了。仅以砂子水泥红砖为例，让我来罗列一下你让我上料补料的全部经过：①6月22日，第一次上料，红砖360块、水泥15袋、砂子50袋，材料463元、车费70元、力工150元。②7月6日，砂子120袋300元、力工90元。③7月8日，砂子2立方米100元、力工120元。④7月15日，水泥8袋144元、红砖260块92元、力工60元。⑤7月18日，砂子1立方米75元、力工55元。⑥7月24日，砂子1立方米80元、水泥9袋162元、力工60元。⑦8月5日，水泥8袋145元、砂子50袋125元、力工30元。粗略地算一下，仅砂子水泥红砖这项，你就先后让我上了7次料，光车费、力工就花了我570元。干到后期我都有点儿心理障碍了，就怕你让我进料，花钱还在其次，谁经得起这么折腾！连楼下的蹲活儿的力工都跟我说，"这么个上料法还是头次遇见，要说怕剩了给东家造成浪费，补个三两趟料是也算正常，补这么多次料，这样的瓦匠纯属心里没数儿，要不

就是在祸害人。"我看你倒也不一定是有意的，因为前两次干活你也是这么个上料法，看来你还真是心里没数儿。还是那句话：大哥，你是不是在搞行为艺术？

以上就是我想对你说的几句心里话。

罗师傅，咱这活儿还接着往下干吗？

　　　　此致

敬礼

**年*月*日

　　罗师傅走了，是带着遗憾走的，这点从他愧疚的眼神中能看得出来。这一幕让我也不免有些伤感，久久不能释怀。不止一次地反省自己，是不是有什么地方对不住人家，要不然前后几次干活儿的差距咋会这么大呢？可实在又没想出什么具体事儿来，后来又问了几位去年经罗师傅手装修的单位同事。同事们说，也就那么回事吧，没像传说的那么神，现在家里还有几处空鼓、裂缝的砖。啊，明白了，原来人是会变的，手艺人也是如此。

每每回想起罗师傅把工具捆在电动车上，趔趔而行、惆怅离去的背影，不禁感慨万千：一代名匠，就这样走了，从此世上不再有传说中的罗师傅。因为他，早已堕落。

至于第二位瓦匠蒋师傅的人品手艺，就没啥说的了。当初请蒋师傅来接罗师傅的活儿，人家说啥也不接，给多少钱也不干！说罗师傅这水平，打下手儿都不用他。后来好说歹说给干了，1600元。加上付给罗师傅的800元，瓦工工钱一共2400元，比预计的多出400元，就当花钱买个教训吧。蒋师傅还说，如果有人问起，千万别说厨房是我铺的，丢不起那人。

光是给罗师傅"擦屁股"、处理瑕疵，就用了两个整工。卫生间整个是蒋师傅贴的，成活后用水平尺反复测量，所有位置，误差竟然微乎其微！地漏坡度找的，人走水净，手艺了得。防水做了两遍，第一遍是罗师傅做的，闭水试验也做了，不漏。但越想越不放心，又找来一位防水师傅，又做了一遍柔性防水。

人家蒋师傅的作息时间是早六晚六，中午吃饭时间不超过半小时，其余时间都是"有效劳动"。加上勾缝儿，一共六天完工。这要让罗师傅干，还不得磨叽个十天半个月的！看着平整光鲜的墙面，我难掩心中的喜悦。

**GARON** 佳诺整体家居 **课堂总结：**

1. 现在许多同学确定装修公司和装修师傅，都是看其口碑，但也有一些公司和人盛名之下其实难符，还是要看其实际的工作，多做一些前期考察工作，比如查看最近施工的工地等。

2. 多做对比，不同的人，不同的工作态度，就会出来不同的工作效果。相信对比之下，谁好谁孬，自见分晓。

# 地板遭遇泡水重铺，
# 质量与安装孰轻孰重？

第三十四课

| | |
|---|---|
| 网　　名: | 平民女 De 实木家装 |
| 装大学历: | 大四 |
| 所在城市: | 北京 |
| 装修感言: | 找一个好工长，让他做半个主，<br>你做半个主，就 OK 了。 |

提起地板泡水，很多人会假想一下，但觉得这事毕竟是小概率事件，如果不幸遇上了，应该和中奖的概率差不多吧，只不过那是好运气，这是霉运气。

## 地板遭遇泡水，这小概率事件也能发生

但这样的事件就是让我赶上了，而且发生在春节期间年三十离开北京回老家，正月初二晚上接到物业漏水通知，正月初三赶回北京，代理商也在接到我的电话后来到现场，正月初四厂家维修人员上门检查原因，正月初七厂家恢复正常，售后经理带队一行五人来现场核查原因，了解损失情况，正月十七安装工人过完春节回到北京，在我焦急等待中终于在正月十八拆掉被水浸泡了半个多月的地板。

我家地面除了厨卫和阳台，全部采用的是地板。由于春节期间不在事发现场，发现得比较晚，造成除主卧室外大部分地板受损严重，尤其是餐厅和客厅，已成重灾区，当我们从老家赶回踏进家门时，水已没过地板表面，家已是汪洋一片了……

## 地板遭遇泡水怎么办？仙人指路不如贵人相助

小概率事件，对于多数人来说，只是心理上的防患于未然，实际生活中并不会发生。但是，一旦发生，就有点"懵"再加"晕"。"地板遭遇泡水怎么办？"找百度吧，搜索来的东西，很多都是正确的废话，看着都对，看完还是不知道怎么办。网络的便捷使得原创的东西越来越少，很多都是同一篇文章的不同版本。

仙人指路不如贵人相助。就在我为此事一筹莫展的时候，遇到了一位"贵人"，为了表达我对这位"贵人"的感谢，也为了叙述方便，我把他的旺旺ID简称为"小白龙"。

由于我家是重竹地板，属于小众型的，并且是网购的，没有地板厂家安装，对于"地板泡水怎么办"这样的问题，就想找个在北京的有竹地板经验的人来咨询。于是在网上搜索"北京+竹地板"，就搜索到了小白龙的店铺，而且他当时在线，看到用户评论说除了卖地板，还给用户介绍很多安装的知识，在地板使用安装方面很有经验。

于是我就开始联系他，咨询他如果地板泡水了怎么办？小白龙很快回了我，说网络不太好，还是电话说更方便，他要了我的电话号码，就把电话打过来了。等我说明情况后，他说，根据他十多年的竹地板行业经验，考虑到地板已泡水半个多月了，应该马上"抢拆"，不"抢"的话，地板防潮膜下的水很难散发出来，加上有暖气，地板就容易"长毛"从而报废。之前我家只是开窗通风，看到地板表面风干后，以为不拆也能凑合用，经他这一说，地板是非拆不可了。事实也如此，待工人来拆下地板才发现，虽然地板表面风干了，但防潮膜下面用手一摸，还是浸水严重。

拆完地板怎么办？我又咨询小白龙。他在电话里问了我拆的情况以及拆完后地板的放置情况，还很耐心地给我讲解地板拆下来如何码放通风。没想到码放还有道道：拆下来的地板不能平铺在地上，不利于通风，也不能靠墙竖放，虽然通风好，但容易变形，正确的方法是按"井"字形叠加摆放在通风处阴干，用其叠压产生的力量防止

变形的发生。

## 商家与用户,"先挣钱"还是"后挣钱", "先花钱"还是"后花钱"?

记得去某家专卖店买推拉门和折叠门的轨道和五金件的时候,跟店老板聊起与别的不出名的厂家比,他家的价格偏高。店老板说了一句话使我印象很深刻。他说,家装有的人是先花钱,有的人是后花钱,最后算下来,后花钱的不一定比先花钱的花钱少。套用这句话,对于商家而言,有的商家是先挣钱,有的商家是后挣钱,最后算下来,后挣钱的不一定比先挣钱的赚钱少。

在跟小白龙的两次比较长时间的电话交流中,他都是尽他所知帮我解答,并未主动提及他店里的地板销售及是否要重新购买地板。很显然,小白龙属于后者。虽然我家不需要重购新的地板,但重铺地板所需辅料的购买及地板重铺一事就交由他来安排了。

给商家的建议:做专业的销售,虽然销售有技巧,有价格策略,但比起专业知识来,专业知识显得更为重要,尤其是在用户心生疑虑的时候,能够用专业的知识帮助客户解决问题,那签单便不是难事。

## 地板遭遇泡水重铺,质量与安装孰轻孰重?

漏水后,厂家投保的财产保险公司来现场对地板的受损情况进行了拍照核查,然后让我估一个损失报送给他们,我按照受损严重的客厅和餐厅面积把地板报废数量发给保险公司,保险公司回复说,根据现场勘查的情况,地板受损没那么严重,虽然有损伤,但还能用,按我报送的30%做评估。我晕,看来如果当初铺强化地板,应该就算100%报废了。虽然心里不满意,但从一个侧面反映这款泡过半个多月后,还有70%板材能用的地板,质量还算过得去。毕竟价格只相当于强化地板的价格,这质量对得起这价格。

质量算是过关了,接下来的重铺地板,则更是让我感慨万千,几天之间,经历了一出人间的悲喜剧。自装修开始,每项我都是做足了准备,先把可能出现的问题在网上查找出来,然后再到现场对应看看有没有发生类似的事情。

也许是在现场时间久了,最后一项地板安装,我有些大意,掉以轻心了,真是应验了那句话"哪儿考虑不周,哪儿就会出事",刚铺上地板,就受到了三大问题困扰:一是客厅到阳台的压条起翘、松动。对此,铺装工人的解释是,因为我家用的是竹地板压条,竹地板硬,垭口太宽(4.2m多),他建议我换掉这个压条,重新换一个铜压条。二是入门通过客厅到阳台的通路踩着不实,工人说是因为刚铺上,踩踩就好了,好吧,我忍了，这一忍，十天半个月仍不见好转。三是地板铺上没有多少天，就产生了较大的缝隙，工人解释说，是因为冬天室内干燥，造成地板缝隙变大，等暖气停了，就会恢复。

当时因为急于搬家，虽然觉得地板不对劲，也没有心思去找原因，更没有想到是铺装的问题。我以为是竹地板不适合北方，这些问题都是因为我错误选择造成的。搬完家，有空到网上搜索有关地板铺装的问题，才知道地板踩着不实，是因为地面不平造成的。至于第三个问题我一直相信工人的解释，直到这次漏水事件后重铺，才发现那解释简直是"歪理邪说"。

考虑到我家地板泡过水后，有些变形和开裂，小白龙给我派一个有经验的细心的师傅。师傅姓李，五十岁左右，言语不多，铺竹地板好多年了。李师傅来到现场拿起几块板子，掂在手里说："你这不是普通竹地板，是重竹地板"。真不愧专业人员，很多人过来就问什么地板，一般说到竹地板就很少有人知道了，他一下子就说出重竹地板，让我们对他接下来的地板铺装有了信心。

然后他拿起手中的地板，让光线斜打过来，看了看地板说，这地板都裂了。裂了？我说我看着好好的，咋就裂了？他找好角度让我看，果然，板子的两头出现细小的裂纹，只是一般人不注意看不出来。我问，是什么原因造成的？怎么保险公司过来勘查拍照时没有显示呢？李师傅说，重竹地板泡水不会变裂，变裂是因为泡水后通风晾干造成的，应该是阴干好些。唉，当初看着堆满一地的地板，想着快点风干快点铺上，而且地面又湿，所以就直接开窗，是南北通风造成的。

开铺前，李师傅详细问了家具的摆放位置，开铺了，他就一块板子一块板子看变形、摸裂纹，边铺边挑选，把地板按好、中、坏三类，分别放在不同的位置。新补了上次铺地板留下来的两箱（大概4m²左右），除了特别不能用的用于墙边的边条，还得精打细算，才能铺上。重铺地板面积差不多80m²，加上卧室没有重铺的房间，他帮着调了调缝，用了三天时间完成了地板重铺。

铺完地板的第二天，邻居过来串门，进房间各处走了一圈，很纳闷地说："你这地板是泡过水的那些吗？重新更换了没有？怎么感觉比先前的效果还好？"看来铺装太重要了。

"三分地板，七分安装"，我用亲身经历证明了这句话的正确。平心而论，地板泡水后有轻微的变形，两端还有小的裂纹，质量肯定大不如以前，但这次铺装明显比上次用心，从选板、对缝到墙边留缝、放弹簧，哪一项都在我心中形成了明显的对比，以至于想起第一次铺装时工人的种种解释，就有一种无比的愤怒。

通过两次铺装对比，再来看第一次铺装三个问题产生的原因及解决的办法：

（1）压条起翘。原来工人说是因为竹地板压条硬，我家垭口太大（4.2m多），让我换铜压条。我跟李师傅说要换成铜压条，他说能用就别换，压条起翘松动，是因为阳台和室内的地面找平有问题。

解决的办法：重新找平地面后，先把地板和地面用螺丝固定，再装压条，最后用玻璃胶粘牢，问题就这样解决了。

（2）踩着不踏实。原来工人说是由于地面没有找平，这次拆了地板，我拿2m的靠尺靠，看与地面的缝隙大小，发现被认为踩着不踏实的地方，都是不平。

通过和干活的工人一起回忆，终于找到了不平的原因：是因为瓦工找平后，收工时踩着硬纸板出门的，待地面凝固后，三个放置硬纸板的地方就有下陷的痕。但由于找平后又开始做木工活，等铺地板时，忘记了做局部找平，就直接铺上了。

解决的办法：再铺地板时重新做了一次局部找平。

（3）缝隙变大。这个问题一直困扰了我很久，因为工人说是因为家里有暖气，地板干燥缩小造成的，我一度怀疑竹地板是否适合北方铺装，进而认为是自己的判断失误造成的。李师傅来重铺的时候，看到原来铺装留的痕迹，一下子就说出了问题的原因：原来是工人按强化地板给铺的，而重竹地板属于实木地板，实木地板铺装跟强化地板不同。重竹地板只有缩没有胀，所以只需一边留缝，而强化地板有缩有胀，要四周留缝。哦，我的天呀，需要一边留缝的地板，被工人当强化地板两边留缝，那缝隙不变大才不正常呢。根上都错了，还解释。真能蒙人呀！

解决的办法：李师傅用专业竹地板的铺装方法重新铺装后，这个问题就全解决了。

**GAR☼N** 佳诺整体家居 **课堂总结：**

1. 强化、复合、实木，买的哪种地板一定要这种地板的专业人士来安装，强化的按实木，实木的按强化，再专业也枉然。竹地板的铺装一定不能让强化地板的师傅来装，一定要找专业竹地板师傅来铺装。

2. 如果是悬浮铺法，一定要在铺地板前做局部找平。最好写到地面找平的工艺里，不要怕麻烦。因为一旦铺上，觉得地面不平再返工，麻烦就更大了。同时，地板厂家在铺之前，要测一下地面是否平，若发现地面不平，应停止安装。不能装上出问题了，再说地面不平，推卸责任。地面平整是铺好地板的基础，用户一定两边约束才能做到万无一失。

3. 作为用户，铺装地板之前要做足功课，把可能出现的问题尽可能地解决，别一味忍，忍不能解决问题，还会使问题严重扩大化。

**第三十五课**

# 无良龙套瓦工

网　　名: whiteboy55@sohu.com
装大学历: 初一
所在城市: 济南
装修感言: 一入装修仇似海，自此钱包是路人！

我家房子自身情况较差，确实耽误后期其他装修内容的进行，而无良装修公司摆出了甩手掌柜的姿态，基本上对我这房子不闻不问，只会告诉我房子这里不行，那里不行，就是不能开工。在此情况下只能被迫自己先想办法解决房屋各项细节问题。

首先要做的肯定是补缺及为后来铺设木地板所做的地面找平，好在这些活全部都是瓦工工作。一看到瓦工的工作，第一念头必须是搜狐装大济南分论坛赫赫有名的"小吴贴砖"，但是无奈小吴接的活多，真的腾不出时间来给我做这种查缺补漏的小活儿，所以我就只能另寻"巧匠"。连续联系了数个瓦工师傅，都被告知工期紧迫，没有时间。我当时那个沮丧啊！突然想起身边有个工头为啥不让他给找找呢，毕竟人家是吃装修这碗饭的，认识的瓦工比我见过的多了去了。所以在X泰"项目经理"的介绍下，找到这位龙套: 丁瓦工！

介绍完需要做的事情以后，谈好价格（事后知道，我被黑了），我就为了生计，奔赴忙碌的工作去了，丁瓦工也开始进行这套房子的补缺及地面找平的活计。

结果丁瓦工补齐的几个窗台，没有一个是平的，最歪的是次卧的窗台，后来做了窗台石才发现，左侧比右侧低将近3cm，我的"钛合金狗眼"啊，当时竟然死活没看出来啊！几个门框的补齐也很气人，后来做室内门的测量师傅告诉我，次卧门框右侧是歪的，只好后期打泡沫胶添吧。

厨房与北阳台之间原来有门连窗，后期此处不留门了，只留一个墙垛，只需要把墙垛补齐即可。但是这墙垛补得这个烂啊。各种不平不直啊，幸好后来小吴贴砖的时候全部给解决了。但是当时小吴看到这个墙垛补齐的效果时，那各种无奈的表情啊。

好了，补齐工作差不多做完了，开始准备地面找平。因为这套房子是二手的老房，对于地面情况不敢保证，同时楼下大爷各种彪悍，所以没敢在地面开槽走电路，当时认为反正地面要找平的，直接铺到地上反而方便。因为地面有电路管，高度决定不能使用自流平，所以水泥砂浆找平开始！

图中大家可以清楚地看到，这么多砂子，仅有一袋水泥。是的，你没有看错，仅剩这一袋水泥和这两堆砂子混合水泥砂浆。其实，这个龙套瓦工真用这么多水泥还凑合了！但是偏偏每堆砂子他只用了一铲水泥而已！这样的搭配比例能做好找平？那就见

鬼了……（后来咨询小吴，小吴说水泥砂浆找平时水泥、砂子的质量比例为1:3，打电话与丁瓦工沟通时，他告诉我地面找平水泥砂浆就是1:7的比例。）

当时我时间有限，仅能下班后晚上才过去查看进度，所以错过了抓住他卑劣行径的机会，导致我去看找平效果的时候，人家已经"铺完砂子"，并且用所谓的"水泥膏"（谁能告诉我这是啥玩意？）涂抹一遍地面了。刚开始看着还不错，但是后期惨不忍睹啊！一个月以后的地面，到处都是裂纹和空洞，我都不敢踩踏，生怕破坏了脆弱的水泥层。就连介绍这个瓦工的工头，看了这地面情况脑袋都摇得和拨浪鼓一样。

唉，只能怪自己相关知识了解太少，对相关施工控制不力，泪奔啊！后来回想起来，我有多傻啊，为啥不等贴瓷砖的时候直接让小吴来做这些活呢？都怪爸妈天天逼着要抓紧做完装修，才让这无耻龙套瓦工捡了便宜，还毁了我的地面。折腾到现在，又要想办法补救了……如果全交给后来贴砖的小吴，我还操啥心啊！继续泪奔……

通过此次事件，告知各位，谨慎选择装修的所有方面，一个无良的设计师，拖延了我两个月的施工工期；一个无良的瓦工，带来几近毁灭性的地面及墙面补齐。珍爱生命，远离无良！

**GAR☵N** 佳诺整体家居 **课堂总结：**

地面水泥砂浆找平应注意以下几点：

1. 水泥砂子配比按照要求，是1：3的配比，但建议是使用1：2的配比。

2. 水泥砂子要搅拌均匀。因为这个搅拌是人工的，要花力气的，咱总不能去工厂买现成的，所以搅拌的态度也决定着搅拌的质量。

3. 施工方式要正确。不要以为地面找平很好弄，这也是具有相当的技术含量的，无论是使用的工具还是施工的手段。

4. 做完地坪要休整几天。在施工人员休整停工的几天内，有没有人过来给地坪做养护也决定着地坪的质量。尤其是气温高时，不做养护会导致开裂现象，因为气温高，表面很快就干了，而内部未干，会使人判断错误。再者，如果施工完成后，人为因素产生破坏，也会导致地坪出现质量问题。所以没有养护或养护得不当都会导致一定问题的出现。

5. 一个比较严重的问题，可能被我们忽视，就是水泥、砂子本身的质量问题。水泥有使用期限，超过期限，其强度会降低，水泥受潮后强度也会降低。砂子的问题也很重要，有些河砂的强度很高，所以我们建议，使用河砂是不错的选择。

# 小小面板，极品电工

**第三十六课**

网　　名: 兰色水印

装大学历: 博士

所在城市: 石家庄

面板安装是在周一，本来预约的是周日，虽然安装橱柜，但也不妨碍，厨房总共6个面板，分分钟的事。可惜，计划总是赶不上变化，工长说，电工安排不开，推到周一了。反正我周一也没事，那就周一吧。可没想到，一个小小的开关面板，让我抓狂……

干活的时候只觉得这个电工不专业，人品太差，问了工长后才知道这竟然也是工长御用多年的电工。这个电工的技术实在不怎么样，至于人品还不如他的技术。

周一，电工上门了。我家卫生间风暖三合一的开关要换掉，跟电工一说，电工说，不会。后来加了一句，你把换下来的给我，我就会了。

这个三合一的开关，四根接线，下面两根接错了，电工说，不知道，反正线都接上了。问能不能给调一下，电工说，不能，线不够长。

厨房我单独给橱柜的吊柜底部留了电源，开关放在了一个单开五孔上，电工说，线不会接。因为橱柜送了一个感应灯，这个线暂时用不上，为了安全起见，所以要求电工把线接好，线头上用胶布缠起来。电工说，胶布呢？买去吧。第一次知道电工有不带绝缘胶布的。

电工一看我家的暗盒，就让我去买钉子。我还没交代完哪儿装啥的就催了两次。我说："师傅，你总得告诉我买啥样的，多长的，多少个吧!"后来电工给写了一张纸，我拿着去买了。

先放下我买钉子一节不表，先说说他给我家安装的各种面板，几乎每个面板和墙壁都不是严丝合缝的，我拿一张纸板往缝隙里面放，都能放进去。电工说我买的开关面板钢架太软了，没有塑料的好，钉子都拧紧了，还是这样。我这可都是名牌面板呀，也没见到别人家出现这种情况呀。还有我的壁纸，多处都被这位师傅弄皱了，补都没法补。

如果这些都能忍受，卫生间水盆旁边的插座实在让我看不过眼了。插座安完后，后面墙上还露着很大一条挖槽的边，特别难看。我说："师傅，咋这么大的边啊?"电工说："哎哟，这个你得原谅我，你家应该在装橱柜前装，地方太小，只能装成这样了。"我就纳闷了，怎么人家装水盆龙头的电工装溢水管就那么好装呢？溢水管还是在水盆的正后方呢。

我某次买钉子回来，电工正在装一个三孔面板，他跟我说，他把一个16A的三孔不小心弄散架了，装不起来了。没办法，只好临时装了个白板，等用到再说。后来，我打扫卫生时从地上找到铜件六枚，零件若干，自己试了试，用了不到10分钟，一个3孔就组装完毕。事先声明，我物理白痴，可能我立体几何太好了，反正看起来比一个专业的电工还强点。或者他根本就没有组装吧，如果组装了，零件应该都是在一起的吧，至少不是东一个西一个藏在墙角边缝。

卫生间洗衣机跟热水器，打算装两个防水罩，电工说装不上，在我再三要求下，终于装上了一个。装上的代价是面板的边框不能碰，一碰就掉，小面板从1.2m的高度摔到瓷砖上不下10次。一扣边框就掉，掉也不接着，我刚要上前说两句，电工就说："你别看着，你看着我不会干活。"这句话，整个安装过程中，他重复了不下3遍。每当我有异议要上前时他就用这话堵我。

下面来罗列下我跑了四个来回买钉子经历：

第一次，2.5cm、3cm、4cm自攻钉各一包，防水绝缘胶布一个，4cm、5cm、6cm螺丝各20枚。我承认最后的60枚钉子我买错了，所以，我跑去买了第二次。这次还顺带给电工买了两瓶水，回来给人家，人家来了一句：那我自己带的水咋办啊？你让我先喝哪个？其实开关面板上自带的钉子就是2.5cm的，我不知道为啥还要单独买一包。

第二次，5cm自攻钉一包，外加60枚钉子换成7cm螺丝20枚。买到后电工说螺丝用不上了。听了万分沮丧，难道连着买错了两次？

第三次，电工告诉我卫生间热水器的线太短，防水盒装不上，给我两个5cm的自攻钉，说要两个比这个长点的。我问：螺丝用不到了，我退了去呀？电工说，还用呢。其时厨卫面板都已经装完了，不知道哪儿还需要这么长的螺丝。又跑到五金店，老板换给我两个6cm自攻钉说，这已经是他店里最长的了。估计老板都嫌我烦了吧！

第四次，电工说6cm的还是不够长……到底多长不能说清楚吗？心烦得无以复加，想哭的心都有了，心想装个开关面板咋就这么难。又跑出去换了一家五金店，要了人家两个8cm的自攻钉。老板估计看俺很憔悴，送的，没收钱。

最后干完，电工收拾自己的东西，几包钉子先是收进自己的包里，然后半开玩笑半威胁地来了一句："不用的钉子我收走了啊（买了4包半钉子，用了不足10个，买了一卷胶布用了不足5cm）……"终是磨不开面子，也或许是被他的淫威镇住了，我只能弱弱地嗯了一声，说到这里，我连抽自己一嘴巴子的心都有了。

合计一上午，8点进门，12点多收工，总共装了开关面板50个，装正的不超过5个，还给我弄散架一个，一个防水盒没装上。我买的钉子2.5cm一包，3cm一包，4cm一包，5cm一包，7cm螺丝20个，还有绝缘胶布一卷，除去用掉的，剩下的全被电工带走了，合着这人来我家敛材料的。4个小时下来，我听到的最多的话就是：这个我不会；这个弄不了；线太短了；不行，你去买什么什么去；你别看，你看着我不会干活……

我不知道别人装面板是什么样子的，有没有这么狼狈、这么麻烦、这么纠结、这么郁闷的，反正下午回家没敢让老公去新房看，因为实在是看不下眼。晚上合计着第二天找工长过来看看这活来着。结果躺床上就开始胡思乱想，表面都安装成这个样子，里面的电线还不知道连成啥样呢，要是以后用电把电器弄坏了咋办？越想越憋屈，人家花钱找人干活，我这花钱请了个大爷，伺候了一上午，临了他还说自己饿得不行了。

我想也许是我性格过于软弱，啥事都想着能干完就行，合计着怎么让电工给我把活干了就得了，电工有啥要求，全部满足，最后整得这个下场，是我活该。这辈子最怵跟人打交道，尤其三句插科两句打诨还有一句没正经的。看来还是缺乏经验，欠缺锻炼。

我就应该在电工第三次说不会的时候给工头打电话要求换人，但是我没有；

我应该在电工让我买钉子的时候，就应该给他10块钱让他自己去买……我没有；

我应该在电工踩刚装的马桶和橱柜台面时提出来……我没有，一上午我跑出去四个来回，根本就盯不住电工踩哪儿了；

我应该在电工干活时让他注意收着垃圾，别把刚铺的地板弄得到处都是垃圾……我没有，因为电工一进门就说话不软不硬，透着老油条的油滑，老实的我觉得俺提这些要求过分了，以致电工前脚装，俺后脚收垃圾；

电工哪儿干得不好我就应该直接让他返工……俺还是没有，因为俺看着电工就不会干活了，一个网线板只装了一个螺丝，俺提出来，电工还是磨蹭了3分钟之后才给装上，说暗盒坏了，装上以后也还是松。

到现在这事已经过去一周了，回忆整个过程，还是忍不住落泪，也许我是被宠坏了，受不得半点委屈；也许我是太好说话了，退让妥协，并不对所有人管用。有些时候，我们要学会坚持，学会强硬，学会维护自己的利益，学会保护自己。

之后跟工长联系，提出了以下几点要求，这也算是这辈子做过的最强硬的事，不达目的，誓不罢休。

1. 电工拿走的材料，必须如数原样送回，材料没几个钱，我要的是一个理字。

2. 开关面板安装费用200元，一分不给，这样的做工不合格，我坚决不买单。

3. 所有开关面板全部拆下来重装，检查内部连线，保证以后使用不出问题，保证安装合格，弄坏的原样赔。

4. 这件事必须在搜狐装大上曝光，工长选电工要慎重，对电工的管理要加强，不要因小失大。工长也请不要再阻止我曝光此事，我曝光针对的是电工，不是你，也没想着给你抹黑之类。就当是给我出口气，不然我怕我会憋到内伤。

5. 这样没有电工证、没有职业道德的电工必须开除，永不录用，以免祸害别的业主。以这样的工作态度做事，不在我家出问题，也会在别家出问题，迟早的事。

后记：

关于整改，面板安装完的当天，联系了工长，工长第二天到达现场，并现场整改。当天整改一部分，次日我去新房查看，检查出部分未改的，电话之后再次整改，目前尚有两处问题遗漏。工长表示一定会改好。

**GAR⊙N** 佳诺整体家居 **课堂总结：**

作为业主，对工人的态度一定要摆正，咱不是大爷，但也不能花钱请个大爷，我们要求合格的施工，如果施工不符合标准，对不起，立刻请工长换人。

# 精明的送货小伙儿

**第三十七课**

网　　名：龙不楞
装大学历：高三
所在城市：石家庄
装修感言：努力，建一个好家！

**本**来，上个星期就可以进家具了，因为小区修路，所以推迟到这两天。但路依然没有修好，苦了送家具的师傅们。昨天，给我家主卧送床的师傅就扛了一小段路。今早我赶到小区时，发现情况并没有好转，这让我忧心忡忡，因为次卧的床上午要送来。

八点整时，师傅打电话过来说，快到小区了。我说了我的担忧，师傅却很乐观。不到十来分钟的时间，有人敲门，开门一看，师傅送床来了。这真让我喜出望外。望着这个满脸透着一股精明劲的南方小伙儿，我止不住一个劲地问："怎么这么快啊？"

小师傅狡黠地一笑："他们都是扛进小区，我是把车开到地下车库直接到电梯口的。"

"哎呀，你太聪明了。这几天大家都是从小区外边扛进来的。你可是第一个呀！"这真让我佩服得五体投地！

"如果你是第一个送家具的就好了，知道了这个窍门，别人就不用累死累活了。"我一边赞美师傅，一边告诉小师傅把床送到次卧去。

组装时，小师傅说话了："阿姨，床的骨架还没拿上来呢。"

"拿去吧。"我不假思索地回答。

"骨架进不了电梯，要扛上来。"

"哎呀，这可太辛苦你了。电梯怎么就上不来呢？"

"我们有个规定，一层楼10块钱，您这是18层，您给180块钱就可以了。"

我一听就晕了，这可是第一次听说上一层楼十块钱呀。

"我买床的时候，你们也没说呀？"

"那是不知道你们的电梯放不进去呀。"

我想起了送衣柜门的小伙子们扛门上来时的情景，我想起了送厨房门的小伙前天扛门上楼的情景，我想起了昨天刚刚装好的次卧的床。我说："小伙子，我这两天正在进家具，幸好你不是第一个。"

我领着他到主卧去，指着衣柜门，我领他到客厅，指着厨房门告诉他，这些都是扛上来的，但都没有加一分钱。

小伙子也不示弱，告诉我："那些是厂家，厂家就有这个服务。我们就不同了，我们是家具商场的，我们就一点安装费。"

我说："你这就说对了。你看看这是昨天下午装的床，这是XX品牌床，送货人是XXXX家具商场的，也不是厂家的。你们商场名气大，应该更讲信用啊！"

我忽然想起，昨天的床骨架怎么没听说不能上电梯呀？我就去拿尺子过来，掀起大床量它的尺寸。

小伙子说："我们的比他的大，你量的是他的。"

我说，我是想解决问题，如果能放进电梯，我们不就都省事了吗？小伙子却说，你不出钱，这事不好解决。

僵持了一段时间，小伙子打电话，用的是家乡语言，我一句也听不懂，也不想听。但电话还是交给我了，让我说话。

我和电话那头说："买床时，你们从没说过，进不了电梯要加钱。"对方显然不是我买床时见过的店家，是一个南方口音的男子。

"现在的情况是我们没有想到的，你看这样好吗？我们店家出大头，出100元，你出80元。这样行吗？"我拒绝了他的要求，把电话挂断了。

他们又用南方话在电话里交流了一会儿后，小伙子下楼去。望着离去的小伙子的背影，我心里也很不是滋味。我刚才是有点生气，气他们事先不说好，这时候狮子大开口。不过，从1楼扛到18楼也真难为他了。想到这里，我悄悄准备好了80

元，想着上来后，递给他，说两句好话算了，反正都是为了我的新家，小伙子也不容易呀！我这么大岁数，和小伙子不该一般见识。想到这里，我急忙到厨房去给他准备一杯冰糖水，待会儿，他一定又累又渴。

我刚把冰糖水准备好，也就两三分钟的时间，小伙子扛着骨架过来了。

"这么快呀？"这太不可思议了。

"我从电梯上来的。"小伙子没好气地说。

"不是进不去吗？"

"我把它硬挤进去了。"

我实在不知和他说什么好了，望着这个满脸透着一股精明劲的送货小伙儿，攥在手里的80元钱该咋办呢？

**GAR❀N** 佳诺整体家居 **课堂总结：**

从事搬运装饰材料、家具的工人都应该得到一定的劳动报酬，合情合理的收费是必须给的，这些都写在合同条款里。非条款里的，就要警惕了。每个装修的业主都可能会遇到类似的情况。该怎么办呢？哈哈！看着办吧！

# 窗户张，我的窗户呢？

第三十八课

网　　名：逍遥枪手
装大学历：初三
所在城市：北京
装修感言：逍遥枪手的微型主场建设

我的阳台拆除工程已顺利完成，我满怀着对新阳台的期待与兴奋进入了周日——约定的新阳台安装日。

窗户张是我这次装修选定的窗户商家，选择的理由自然是窗户张良好的网络声誉。在安装窗户之前，我周五、周六分别两次与窗户张确定窗户安装的时间，就定在本周日早晨8点半。当天我一大早7点钟起床，8点半屁颠屁颠准时来到距离我目前住处20多千米的新家时，除了晨曦和空气，我啥也没看到。之后我无数次地拨通了窗户张的电话，除了无人接听就是处于通话中，正常人都能推测出来，这样的情况明显就是：有人在，但不愿意接听。

我就这么一直等啊等啊，等到太阳下山，也没等来窗户张的一个回应，我被彻彻底底地放了一次鸽子。

晚上8点钟我回到家里，偶然想到之前曾经留过窗户张一个同事的电话，我拨了过去，把情况跟他反映了一遍。他第一时间联系上了窗户张，并且回电话告诉我，由于玻璃运输途中损坏，因此今天没办法安装，只能改天再约。对于这位师傅

解决问题的态度，我很赞赏。出现不可抗力，这个谁都无法避免，也无法预见。但是及时的沟通至少可以将双方的损失降到最低。甚至于我明确要求那位师傅替我转达我的愤怒，并要求其告知窗户张给我打个电话。可是窗户张呢？我到现在都没接到他的电话。

　　玻璃运输途中损坏没法安装，我不怪你，但是你可以及时打我电话通知一下吧？当时没空，今天一早说也行吧？今天一早忘记了，下午想起来打个电话也行吧？再退一步，晚上被告知我出离愤怒了，电话道个歉总可以吧？可是窗户张什么都没做！我与同小区的装大网友通了个电话，她也是用的窗户张。据她反映，这种放鸽子的情况在她那里也不止一次地出现了。

出现这样的情况，应该并非偶然，究其深层次原因主要是商家的定位与服务能力的问题。

（1）定位问题。对于部分短视商家而言，搜狐装大论坛的平台仅仅是一个营销平台，网友们人傻钱多速来，忽视了服务质量的保障。

（2）服务能力问题。为了多赚钱，多接客户没错，但是也得看服务能力，超出自身服务能力接客户，势必造成服务质量的下降。

我一个小小装修业主，钱不多人也不聪明，但是我明白一个道理：水能载舟，亦能覆舟，好自为之吧。

后记：

在我写完这篇装修日记后，第二天窗户张非常积极地联系我，并约定时间进行再次安装。上周六是约定的安装时间，一大清早窗户张8点半就准时出现在了小区门口，这真心要好好赞扬一番！结果，我自己却迟到了，惭愧一个……见面以后，窗户张跟我解释了上次放鸽子的原因，并诚恳地向我道歉。

有错就改就是好同志，窗户张，还要加油哟！

**GAR⊛N 佳诺整体家居 课堂总结：**

在网络平台上选择商家，可以着重关注以下几个方面：

1. 网络声誉：这里着重关注的是负面信息（即投诉意见），并且持续关注事件的进展解决情况。绝大部分商家都会或多或少得到负面评价，这本身并不稀奇，也不能作为筛选商家的唯一标准，但我们需要特别关注的是商家解决问题的效果及效率，这也是衡量商家服务水平的试金石。

2. 业务承载能力：可通过各种信息渠道了解商家的业务承载上限，并与其网络平台订单数量进行对比，建议选择订单量未超出业务承载上限的商家。

3. 现场考察：可对候选商家的已开工工地进行突击现场考察，通过对工地施工质量的考察，衡量商家的业务能力，当然最好能带上懂行的朋友一块行动。

# 准备找人动暖气
# 的同学们往这边看了

**第三十九课**

网　　名: modelk
装大学历: 初一
所在城市: 石家庄
装修感言: 装修真是费心费力费钱啊……

**装**修中，处处提防、事事小心，没想到动个小小暖气片，还是被黑了一下。

我家客厅及主卧卫生间的暖气需要小动一下。装修公司不负责给弄，说是没专业人员，怕给弄漏了。

不给我家弄，是想加钱吗？再三跟他们沟通，还真是不弄，加钱也不弄。

行，你们牛，不弄算了，看我的！我一咬牙，一跺脚——其实我也不能怎么着。还是自己找人动吧。

在我们小区的群里问大家，有人推荐自己家用过的；有人说直接找卖暖气的，他们那肯定有专业人员；有一热心邻居推荐给他家改过，并且在我们小区边还开着一个小门脸的小老板，并给了我电话。

平时上班没时间，老公也没"货比三家"，一个人直接找了这位小老板。去我家看后，小老板说动两处暖气共800元。其中每动一处，人工费100元，其他的就是管件钱（客厅用管大概8m左右，卫生间大概要2m以上）。老公砍价后以700元成交。

事后，老公电话告诉我价钱，我觉得动两处暖气700块钱，太贵了。下班后匆忙赶过去，已经是晚上六点多了，师傅在主卧卫生间正用机子刨水泥，我再次跟他谈价，他说主卧卫生间的水泥太厚，不好弄。肯定是啊，价格都说好了，活也已经开始干了，谁还肯降价呢？不降就算了。我好声好气地跟人家说："没事，就这样吧，把活干好就行了，你们也挺辛苦，确实不容易。"

暖气改好了，我们觉得这个人还比较细致，唯一不太理想的地方，就是客厅的暖气两根管底下交叉重叠，担心铺砖的时候，重叠的部分太高，砖不好铺。

改暖气的人说应该没事，必须得这样，没有别的办法。

这样就这样吧。我们美滋滋两天，又一大工程解决了。

可是没有两天，我就发现问题了。在装修过程中，对方的诚信，一直是我最担心的，而我老公就属于傻根那类的，总认为天下无贼。

有一天，闲着没事，我拿着一个小盒尺，在屋里到处量。比如：墙高到底是多少啦，改线一共改了多少啦。老公说我是闲得没事干。到底改了多少线我也没有量完，因赌气就不干了。

我一看，改的暖气用的管可以量，既不需要他帮着弄盒尺，也不需要他记数。我自己一量，两处一共用管才3.3m。天啊，当时报的700元是按10米以上的管报的。现在只用了3.3m，立马告诉老公。老公也觉得这个人确实太不诚实了。我们骑上电驴就找过去了。

那人不阴不阳地说，当时报价属于是包工包料，不给退钱。老公再三说，当时报价管至少按10m以上报的，现在只有3.3米，差得确实有点多。那人始终一句话——包工包料。

我在旁边急了："什么叫包工包料，当时说的时候，人工有人工费，其他的估计就是材料费了。既然差这么多，什么也别说了，退点钱吧。"那人说退50元。什么，50？这么多管就退50！我心里已经想好了，至少退200。我问他："你这管多少钱一米？"他张口就说："14。"我问："你当时的报价，200元是人工费，剩下的就是材料费吧。四个接头，你多少钱一个？我就给你按100元吧。剩下的就是管。你说至少10米，如果14块钱一米的话，你这700块钱是怎么算出来的？"那人不语。好赖不搭理我，反正就是不给退钱……

估计怎么也得半个小时吧，那人终于特不情愿地退给了我200块钱。

我老公说："做人得实在，你用的管差这么多，怎么也得告诉我们一声吧。"那人说："如果是你，你也不会说的。"

"如果是我，我会说。"老公回答，"就算你不说，人家都找回来了，你应该有个态度吧。""我那是包工包料……"他还是这句话。走走走，不跟这人叨叨了。

"咱们是邻居，要是别人，我肯定不退。"他还在狡辩。

"你凭什么不退人家呀？现在大家谁挣钱都不容易，做人最起码得有诚信！"我还是给了他一句。知道跟他说再多也没有意义，他也听不进去，他只认钱了。

**GAR⊛N** 佳诺整体家居  **课堂总结：**

如果以后遇到这种情况，就要白纸黑字写下来，人工费多少钱，管件多少钱一米。料用多了我可以出钱，但用少了，必须得退。要不，空口无凭啊，光打这嘴仗咱犯不上啊！希望想动暖气的同学，吸取我的经验教训，千万别搞口头协议了。

# 说说上天赐给我的三个好工匠

**第四十课**

网　　名: alina_yu@chinaren.com

装大学历: 高二

所在城市: 大连

这次装修，或许是上天垂怜，我遇到的工人都是特别好的，无论是手艺还是人品，每次我都是开工前放心地把钥匙交给工人，完工后去验收，绝对让人羡慕。我可不是吹牛，看完我下面的故事您就真的羡慕我了。

## 人类无法阻挡的瓦工小王师傅

两年前我家一套房子装修的时候，是小王师傅贴的砖，至今仍受各界参观人士的好评，所以这次装修，瓦工必须还是小王师傅。眼下，手艺出众的工人师傅档期真是和当红明星一样地满，我料想到了这种情况，刚过完年就联系了小王师傅。但是，紫霞仙子说过"可惜我预计到了开头，却预计不到结尾……"

我进入了漫长的等待……这期间，因为很多琐碎的事儿，病倒了，恍惚中给小王师傅电话，哀怨地说："王师傅啊，等你等得我病倒了。"电话那头的小王师傅表示极度的恐慌。

终于，上周二漫长的等待结束了，小王师傅被"呼唤"了出来。

瓦工开工第一天，早八点，小王师傅准时到达，简单了解了一下任务，弹指间，换好装备，挥舞起工具。我和一旁的老公聊天，感觉几句话的工夫，三根柱子已经包上了，我和老公不禁感叹，人类已经无法阻止小王师傅了。

第一天，顺顺利利，开工大吉。开工第二天，下午一进门，防水已经做好。小王师傅开始贴厨房165mm×165mm的小砖。我酷爱小砖，一直坚持厨房必须贴小砖的想法。小砖对师傅的手艺要求高，手工费也高。我不懂具体需要什么样的技术，只能借助肉眼观察好坏，比如：砖线是否笔直，有没有错位；砖缝宽度是否一致，有没有粗细不均；砖面是否起伏，手感是否平滑。贴小砖应该是小王师傅的拿手戏，就等着贴出来的效果了……

第二天，渐入佳境，无限期待。

开工第三天，厨房一侧的效果已经出来。灰白色墙面，非常大气整洁，小砖立体感很强，美式效果初显。宋哥（搜狐装大论坛内著名瓷砖商家）的瓷砖+小王的手艺，让人叹为观止！

第三天，惊喜连连，美不胜收。

开工第四天，在家里坐着总有点坐立不安的感觉，有种力量驱使我马上去房子那看看。

一进屋，看到厨房墙面的四色砖搭配，傻眼了！！怪我没有交代好，只告诉小王师傅四色不要重叠搭配，颜色要错开，但没有意识到，无规律的错色搭配绝对是场灾难！！整体效果乱糟糟的，十分难看。

和小王师傅商量，能不能返工重贴。因为知道贴小砖费工夫，大多数师傅是不愿意返工的，可小王师傅的一句话差点让我眼泪出来："我就是一下午的事儿，你是一辈子的事儿，下午返工！"

返回家中，把照片发到焦点家居群里，大伙都担心，恐怕有规律的四色搭配效果也不好。我正纠结中，小王师傅那头发来彩信，返工已经完毕，最新效果图出来了。我再次呆滞，小王师傅的速度太快！！彩信中的二次返工的效果貌似也不好看，还能再改吗？

我的血压和心跳不断地攀升，感觉头发丝都竖了起来，走投无路下，恳请老娘出马当艺术总监，再次返回装修现场。一进门，我和老娘都愣住了，这是小王师傅发的图片吗？怎么现场效果和图片差距那么大！看实物效果是非常不错，而且越看越有感觉。小王师傅说："四色搭配不可能完全错色，面积铺开来肯定有重叠，不要紧，只要不理想，再改！"

我很激动，也很忐忑，老娘此刻也没了主意，我该怎么办？改还是不改？对，找宋哥（瓷砖商家）！拨通宋哥电话，央求宋哥能否现场指导一下，宋哥和宋嫂关店之后迅速赶到。彼时，几乎所有的"砖家"都在现场了，大家反复磋商，仔细研究，或默默不语地观察，或不停地换位审视，最终的结论是：一定规律的贴法，越看越有感觉，值得保留！我终于长出了一口气，皆大欢喜！

事情还未完，剧情依然跌宕起伏。

大家又开始研究厨房的地砖，老娘表示爱不释手，恨不能砸了我们旧宅的地砖重新铺。最后在"果敢"的老娘建议下，推翻之前客厅铺地板的计划，客厅也要铺地砖。我迅速打电话给老公，揣测"圣意"，是否可行，老公发话，责成我全权负责了，没有后顾之忧，如释重负！

经过六天的时间，我家的瓷砖铺贴工程完美收官。很多实地参观的人都觉得厨房的小砖最为夺目，瓦工手艺也超群，于是我为厨房砖取名"夺目"。卫生间的墙砖，宋哥强力推荐的，追求的并不是惊艳，而是越看越有味道，所以我取名为"韵味"。对于我钟爱的客厅地砖，实在是越看越爱，越想越美，于是我取名"性感"。

"夺目"、"韵味"、"性感"已经安静地进驻我的家了。再次感谢小王师傅的倾力打造，如果所有施工师傅都能如小王师傅这样，手艺超群、速度快且发自内心为业主着想，我们的装修过程该是多么和谐完美呀。

## 柳暗花明又一村——雪中送炭的木工吴师傅

"山重水复疑无路，柳暗花明又一村"，准确地刻画了我寻找木工的波折历程。

我家的木工活儿并不多：三个吊顶（进门庭的吊顶，开放式厨房的吊顶，卫生间和卧室之间的吊顶）；石膏线（屋内棚顶的石膏线）；造型（两个拱门造型）。

想来这种小活，恐怕不会有太大吸引力，又预料到工人难求，所以提早做了预定工作。

经人介绍，早间就约见了第一位木工师傅，要价1800元，一口答应，并让师傅下了料单，说好三四天瓦工结束后就能进场。可当瓦工结束后打电话联系，却要我再等上十来天，言语中透露出如果等不了就另请高明的口气，让我火冒三丈。

突然被罢工，我上哪儿找手艺又好又有档期的木工师傅呢？！无助的我再次求助于焦点家居群里的各位装友，发动大家推荐木工师傅。但和我预料的一样，好工人的档期早已经很满，"插档"是不可能的。

继续散播求助消息给四面八方的亲朋好友，终于得到了一位湖北木工师傅的回复。第二天早上约见，湖北师傅要价2600元，要得我目瞪口呆、头晕目眩，反复讨价还价，最后他让步到2300元，表示最低价不可动摇，物料单下了足足两页，匪夷所思！

送走湖北木工师傅，约见了第三位木工师傅——吴师傅。

还是一次参加搜狐焦点家居的活动时，装大的一位网友得知我在找木匠师傅，就把给她家做过装修的吴师傅推荐给了我。

老吴师傅在湖北师傅离开后来看活儿，吴师傅报人工费时说1200元吧。当时，我怀疑自己的耳朵出了毛病，还让吴师傅重复了一遍。我很激动地和吴师傅说了前两位工人的报价，吴师傅笑说："你们买个房子不容易，装修没啥钱了，能给你们省点就省点，差不多就行。"

我觉得这次装修，老天爷格外地怜悯我，总是在疲劳、焦躁、委屈、辛苦中掺入丝丝的温暖，在山穷水尽的时候还送来了这样一位雪中送炭的老吴师傅。老公也难得地表现出感激之情，主动将吴师傅的人工费涨到1400元。

有人怀疑吴师傅要价低是不是干活儿粗糙，三天的木工活儿已经结束，我可以负责地给大家做下回复。我们对木工活儿200%满意，吴师傅还做了很多我们意料之外的工作，使我们非常感动。

我们进门厅的拱形穹顶吴师傅完全能领会我们的意图，只用木方和石膏板就打造出了想要的效果。

餐厅玄关拱门，我的采购很失败，买的罗马柱过于单薄，也没有柱头装饰，吴师傅站在设计者的角度想了办法装饰出一个结头，并加厚了罗马柱，让我们非常惊喜并感动。

由于囊中羞涩，我们打算卧室和卫生间的吊顶不做石膏线，但在实际操作中，吴师傅觉得还是有点装饰好看，于是他就用石膏板自己搭出了两层漂亮的墙线，没有多买一点料，没有多要一分钱，就这么默默地赠送了……

　　我家的木工活没有多少，但是就是这简单的几件，让我对老吴师傅有了以下几点判断：

　　1. 老吴师傅人相当实在，从报价和日常的沟通就能看得出，是个本本分分的手艺人；

　　2. 老吴师傅特别为业主考虑，开出的料单比别人要少得多，多用木方，少用细木工板，工艺虽不一样，却异曲同工，绝不会浪费业主的钱；

　　3. 老吴师傅在木活儿的设计上很细心、周到，会及时和业主沟通、探讨，往往有很多令人非常惊喜的建议和做法；

　　4. 老吴师傅工期短，办事利索、讲究。业主不去现场也不必有任何担心，打开自家大门，看到的一定是个干干净净、利利索索、做工精致的屋子。

## 自古巧匠出少年——油工小夏的打工生活

　　常言道：自古英雄出少年，未曾想，能工巧匠也是一样的。

　　古有鲁班年少跟从族长学艺，终成工匠鼻祖；今也有油工小夏舞象之年离家打工，辗转北京、大连，十年有余。

　　初识小夏，在两年前我父母家装修，需要力工砸墙，让瓦工小王师傅开工时顺便带一个熟识的力工一起来，一来图个方便，二来也考虑到没什么重要活儿。小王师傅向老爸老妈引荐了老家的亲戚小夏，当时我并不在场，回来只记得老妈的评价是：这小孩儿眼里有活，干活利索，话不多，踏实。

　　据老妈后来向小王师傅了解到，小夏本职是油工，之前在北京等城市的工地打工，知道小王师傅在滨城"火热"，前来投靠。北京人多事儿杂，赚钱糊口过于辛苦。因老娘对小夏的印象好，本意是油工就让他来做，不想当时小夏带来的搭档不入老爸的眼，最后竟也没有用上。

　　这次的陋室装修，问瓦工王师傅有没有合适油工时，他还推荐小夏。我先前并没有此打算，但是遍询几个油工工钱之后不由地有点恼火了，较之两年前一百多平方米不到2000元的工钱，现如今这区区八十几平方米就然要3000大元以上了，实在难以接受。也许是物价飞涨、通货膨胀、水涨船高之故，但我想也未必没有待价而沽之嫌，索性多问多寻摸。

　　小夏来看活儿那天，老娘特来助阵，说是念及老主顾应该会便宜点。小夏说按照现在市场价码，12块/m²X建筑面积X3，我细算一下不也3000多吗？不由得沮丧而面露难色，我如实相告这个价钱接受不了，让他再给减减，小夏也很爽快，最终给了我很实惠的价。

年轻的小夏给我带来感触的不是他腻子刮得如何平整，亦不是他砂纸打磨多么细腻，而是在很多其他细枝末节的地方。比如我买的石膏线质量很差，需要油工做很多后期弥补工作，除此之外，之前很多没有注意的问题也慢慢显现出来，需要去补救，于是小夏第一天的时间基本都用在"查缺补漏"上。我还"变本加厉"，又额外给他加了刷文化石背景墙和砸窗台边框的活儿（3个窗台，4条1cm宽的窗边墙），即便这样他也毫无怨言，没说二话。

从小夏开始干活到结束一周的时间，我只出现过三次：第一次给钥匙，中途一次是理石吊顶安装，最后一次便是调乳胶漆颜色，完工交接钥匙。老公也只去过一两次，看过之后便放心，也不再去了。原因都是一样的，小夏这个孩子无论活儿干得如何，单凭踏实、肯干和细心的态度就让我们彻底放心。

完工那一天出门前，老娘再次嘱咐我多给人家加点钱，我想着手头不宽绰的预算，只多给了100块钱，小夏接过钱的时候还觉得很不好意思。我取回了钥匙和门卡，告诉小夏干完活儿关上门走即可，便匆匆地离开了。

等到安装浴室柜那天再去陋室时，一开门，眼前所有的装修废渣废料袋消失得无影无踪，屋子打扫得干干净净，两个卧室中间整整齐齐地码着没有用完的腻子粉和乳胶漆，墙面也平整细腻，在墙漆的装扮下更添明亮。

我心头一暖，自言自语：谢谢小夏。

**GAR⊛N** 佳话整体家居 **课堂总结：**

装修遇到好的工匠，确实是一大幸事。寻找好的装修师傅，焦点家居是个不错的平台，众多网友们亲身的试用经验，绝对能给你好的参考意见。建议大家如果遇到好的装修师傅，一定要保留好联系方式，说不准下次装修还能用得上。还有如果你觉得这个装修师傅靠谱，可以请他推荐其他工种的人选。俗话说，"物以类聚，人以群分"，靠谱的人推荐的人选，一般不会错。

# 俺是河南人

第四十一课

网　　名: 龙不楞
装大学历: 高三
所在城市: 石家庄
装修感言: 努力, 建一个好家!

**装**修中遇到了各个工种、各个地域的工人, 有一位河南师傅给我留下了很深的印象。

新家阳台东边的墙是用泡沫塑料堵起来的, 墙的外边紧挨着放空调的洞。工长说, 这上边贴瓷砖就可以。可我怎么看, 怎么不舒服。老伴到物业问了两次, 得到明确答复后, 决定砸掉它, 换成塑钢双层玻璃的窗户。美观的同时, 冬天还可以储藏几棵大白菜。

槐中路上做窗户的商铺可谓鳞次栉比, 挑选余地太大了。我们走过去问: "师傅, 我想做一个双层玻璃的推开门的塑钢窗户, 怎么收费呀?"

有的说每平方米269元, 有的说220元, 价钱上至270元下至200元。也有的一听, 我们就做一个不到2平方米的窗户, 干脆不接。不过, 有几家还是很热情的, 要价也不超过220元。老伴烦了, 说定了吧, 差不多就算了。

走进最后一家"吉祥装饰", 老板张口230元, 不还价。

我说: "别人家不到200, 你咋这么贵呀?"

"这要看是什么材料了。我用的是宝硕, 你看看230以下的, 他用的是什么材料。再看看它的玻璃是多厚的。我用的是五个厚的玻璃，你看完了，咱们再来谈，好吗？"说完，老板埋头干他的活去了。

我和老伴只好又去那几家比较热情的便宜的作坊再看看。不看不清楚，不比不知道，真是一分钱一分货。只好又转回来。

哪知，把手、开扇还有好多说法。我实在懒得再跑了，疑人不用，用人不疑，就是他吧。左算右算，我的窗户共要700元。下午就去量尺寸，说好4天后安装。

下午，老伴回来后告诉我，做窗户的老板过去几下就把墙砸了，也没要砸墙费。

4天后的上午8点多，老板、老板娘开着平板车来了。先装窗框，再装窗户。装起来还真麻烦，左靠右靠，上量下量，足足折腾了两个多小时。不过，看得出来，老板是个非常认真的人，可以说一丝不苟吧。这也让我非常高兴。我们的话就多了起来。

"俺是河南人。俺走到哪儿都要让人们知道。"

"现在石家庄许多人都在撵河南人，俺知道，河南人口碑不好。""有人劝俺，让俺在外面说是邯郸人，口音差不多。俺不！"

我觉得，这个话题不太好，就说："哪儿的人，也是有好有坏。近些年，我们中国人在国外，口碑也不好呀。"

"俺就是要给河南人争口气，俺就不信，河南人都是坏人。"

"俺这东西都是用的最好的。不瞒你说，你这一个窗户，俺就赚你一百多一点。俺一定要让你满意。"

"俺的回头客很多，你那天看见的那个人，就是回头客介绍的。"

就在装完上边最后一小块玻璃，要打密封胶的时候，我的工长恰好过来了。

"这个窗户这样装不行。一贴砖，窗户就开不了了。"

啊！我一听，头就大了。窗户是我让人家这样装的，这可怎么办？老板也清楚怎么回事了，脸红了，脖子也红了，冲着工长说："你咋不早说呀，现在窗户都装好了，你才说话，这算咋回事？"

"现在只能考虑补救措施，说别的也没用。"工长很威严。

我给工长解释，一切都是我的错，是我让人家这样做的。

"那你说，怎么补救？"老板还是让步了。

"从你最小的损失考虑，把它拆下来，往右移两厘米，往前移两厘米。"

"那我这半天不白干了？"

"那你看着办吧。"工长说完，一扭身走了。

老板愣在那里，默默发呆。

我怕老板一生气，也扭身走人。我可怎么办呀！

"老板，是我考虑不周，咱们就按工长说的办吧，不行，我给你点补偿。"

"你不清楚，他不清楚吗？我一早就看见他了，为什么不早说？要等我装完了才说？"老板生气了。我知道他很冤。

窗户拆下来了，放在旁边。等工长派人拆了保温墙以后再装。老板气呼呼地走了。

等我再去找老板时，心里乱极了，生怕老板说什么难听话，更怕他为难我。

"老板，忙着呢？"

"嗯，我正说给你打电话呢。该装了吧？"

老板平静的一句回话，让我心上的一块石头落地了，原来他没事了。

这次比上次要难多了，砸了保温墙以后，空间大了，窗户小了。幸好，老板带了木块，可以挤住两边,但难度却大多了。老板和老板娘却像没发生过不愉快一样，一边干活，一边和我聊天。"俺们家是河南濮阳的。俺们那地方，现在都是油田。"我说："那好啊，都很富吧！"

"要不就是富得流油，要不就是在监狱里。"

"这怎么解释？"

"俺们都没地了，好多人都是靠偷油过活。所以，抓不住，就富得流油，抓住了就进监狱。俺不想过那样的生活，所以2003年就出来了。靠卖力气谋生吧。"

噢，老板是个正经人。

等活干完了，我拿出了750元，递给了老板。老板数完钱后，把50元甩给我。"你这是干吗？该多少就多少。"

老伴一再解释，让你多来一趟，耽误半天的工，是我们的错。谈不上误工费，略表心意。老伴硬把那50元塞到他兜里。

"你不要小看俺们河南人。"老板扔下那50元，扭身走了。

![GARON 佳诺整体家居] **课堂总结：**

靠勤劳致富是中国绝大多数老百姓的立足之本。装修中遇到的这位河南人很让我感动，就记下了和他的一段对话。时不时品味一下，总觉得很有嚼头。

第四十二课

# 说说我家瓦工万师傅

网　　名：懒手拙心
装大学历：博士
所在城市：北京
装修感言：投入地装一次，放入梦想

**万**师傅贴的砖，让我们赚足了面子。

早在工程初期，一位朋友看过万师傅贴的一小面阳台砖后，就曾颇为惊喜地问我："你从哪儿找来这个瓦工？活儿做得简直是无可挑剔！"

我家瓦工万师傅最受我尊敬和欣赏之处在于，不是我对他的要求高，而是他对自己的要求非常高。施工期间，做教师的老公刚好放暑假，得以有机会每天去工地"上班"。万师傅贴砖，他就在旁边观摩。贴砖前，据老公描述，万师傅会用水平仪先放线。有一次贴了两排，他忽然停住，往后站了站审视了下，说怎么不平啊？老公闻言，也学着看了看，说我看挺平的啊。万师傅摇头说，不对，中间有点高。于是拿来靠尺一靠，果然中间比两边高了一点点，误差也就1mm的样子！原来是水平仪有问题！于是马上电联陈工长赶紧换设备，同时扒了重来。

如此火眼金睛固然是一位十余年工龄的老瓦工凭经验练就的，更难能可贵的是，万师傅对手艺的爱惜，对劳动成果的重视，对自己的高标准严要求。倘若换做旁人，或许十个里有九个工人会认为差一毫米又不死人，何苦自找麻烦呢！这就是人和人的差距了。

每贴完一面墙后，万师傅会站在自己的作品前陶醉一下，笑眯眯地说："这砖贴的！"老公就开他玩笑："嘿，又自夸上啦。"

我听到这样的自夸却格外开心，因为这是一个热爱自己工作的工人的反应哦！干一行爱一行，干一行专一行。师傅干得开心，我更开心。不折不扣的双赢！

最后要经过网络装友装修斗士、李大将军及监理刘工的验收，2m靠尺检验我家的瓦工活儿完全合格，5点敲击发现的空鼓点寥寥无几，大大高于验收标准。

此前因为我家的橱柜是U形橱柜，曾有几分忐忑，不知道我家的墙面斜度大不

这砖贴的！

大，不知道万师傅的手艺能否经得住橱柜厂"苛刻"的考验。毕竟俩直角呢，一面墙错一点，都有可能导致橱柜靠不上墙。贴砖时，老公吓唬万师傅和陈工长半天，说如果橱柜靠不上墙，就找他俩推倒重来！在橱柜余设计师最后一次测量后，老公为了能彻底安心，对摆放U形橱柜的两面平行墙进行了最终复核，结果两面平行墙两端的间距误差也就1mm左右。真是相当的精确！

橱柜商家来我家安装时，我和安装师傅间有这样一番对话：

"师傅，您看了我家墙直吗？"

"你家的墙？直！"

"那橱柜靠墙不会有缝吧？"

"不会！肯定没问题！"

最后橱柜安装完毕，全部挡水条与墙面严丝合缝！

可是装浴室柜的时候，浴室柜的陶瓷台面靠不了墙，一个角差了2cm。当时，送货师傅说我家墙不直，又说这个很正常。我当时脑筋转得慢，没回过神儿来，心想，是啊，墙不直是很正常啊。等安装师傅走了，我才想起来不可能的！卫生间这两堵墙都是万师傅新砌的，砌墙前打过水平仪，仔细放了线。又是万师傅自己贴的墙砖，怎么可能会不平？拿来直角尺一量，果然，标准的直角！

于是我理直气壮地找浴室柜商家抗议。后来该商家老老实实地从店面给我换了一台误差相对小些的台盆柜。

以上两个小插曲，充分说明了万师傅的手艺，那绝对顶呱呱。

话说回来万师傅绝非完人，手艺好，脾气也大些！

瓷砖怎么铺都是我预先设计好了的，每面墙都出了铺贴图。可万师傅却提出了好几处修改意见，事实证明他的确更有经验，想得更周到，只除了一处，那就是橱柜上方的斜铺砖。万师傅征得俺老公的同意，斜铺下缘铺到窗台高度。这样的好处是，下面的直铺砖刚好全是整砖。

但是晚上我下班一看，立即提出了异议。因为窗台的高度也刚好是橱柜挡水的高度。如果砖缝刚好齐着挡水，也就恰好是一圈难以打理的勾缝剂暴露于最爱积灰纳垢的挡水沿上。于是我坚持，往下再延伸半块砖，务必把砖缝藏到橱柜背后。

第二天，老公和万师傅说老婆大人要求返工，万师傅就闹上小脾气了，说："我贴上去的砖没有返工的。"老公于是给陈工长打电话。陈工长就跟万师傅说，你就帮帮小Y嘛！要不晚上回去又该跪搓板了！

最终万师傅出于对男同胞的深切同情，终于同意拆了重铺！但是从此之后，经常耳提面命向俺老公传授驭妻之术。

**GARON 佳诺整体家居 课堂总结：**

万师傅对自己的要求，比我们对他的要求都高。遇到万师傅真是我们的幸运，虽然有时候他有点小脾气，也就不计较了。

# 第八章 采购，斗智斗勇好惊心

# 用淘宝？太俗了！

第四十三课

网　　名：金小虫
装大学历：博士
所在城市：北京
装修感言：人的一生中，必须有一样不以此
　　　　　为生的工作

相信广大装友们装修中省钱的方法会是各种各样，在此我仅把自己的一点经验贡献出来，希望和大家一起，把省钱装修进行到底！

## 异样网购

说到网购，我相信大多数人都是专家，根本不需要我来白话。但是我敢断言，在装修过程中大家使用最多的应该是淘宝，其次则是京东，一个是C2C，另一个是B2C。它们也是目前中国市场上最火爆的电子商务网站。

我个人是非常喜欢在淘宝网买东西的，尤其是最近装修阶段。我发现很多的东西也确实比线下的实体店便宜，而且我只有周末才会有时间，这点时间根本不可能把我需要的东西都买齐全。但是我也知道网上的东西跟线下的东西多多少少还是会有一些质的差别。

可是大多数人都是只会去关注淘宝运营的本身，从来没有关注过更深层次的东西，其实淘宝和阿里巴巴同属于阿里巴巴集团，都是马云"鼓捣"出来的。

淘宝是C2C平台，即是个人与个人之间的电子商务平台。

而阿里巴巴是B2B平台，即是企业与企业之间的电子商务平台。

那么我们有没有想过，既然我们在淘宝所搜到的那些"卖家"也是个人，那么他用这个价格卖给我，岂不是还有一个利润差吗？为什么我不能反过来也去当这个"卖家"呢？这样我是不是就可以再省一点钱呢？

所以今天给大家介绍的第一个省钱方案就是"阿里巴巴样品中心"。去过动物园服装批发市场的朋友可能会听过这样的一句话，叫作"我拿样"，对于淘宝来说，我们一样可以用这种办法来实现。

请大家根据我的提示，在电脑上演示一下，先在淘宝搜索一个厨房的太空铝五金挂件。看好款式，记下价钱后，再去阿里巴巴样品中心搜索同款同样的"拿样价"。过多的话我就不多说了，我相信你们一定会很心急地去样品中心搜索更多的商品。

## 绕过经销商

接下来要说的这个技巧其实是非常得罪人的。当然了，我已经买完了我需要的东西，所以既然今天的日记是分享经验我就不能藏私，即使会得罪各位商家，小弟也一并在这告罪了，反正你们打不着我。

其实在我们家附近就有很多的建材市场，我也时常就会去逛。我一直秉承的观点就是，认准了这个东西，我就想用更便宜的价格买过来，商家跟业主永远在打一场没有硝烟的战争，商人无论怎么说赔钱其实都是赚钱的。这些都已经是常识了，那么我就要想办法绕过商家直接去面对工厂。

我们家是老房改造，以暖气为例，我周末逛街时看中了一款暖气，恰巧是北京本地的暖气厂出品的，进专卖店以后与店内销售员详细沟通了许多，也算是基本了解了暖气的知识，价格也算合适，遂决定就在这家购买暖气。

但是正要付定金的时候我脑袋灵光一现，想出来一个鬼主意：既然是北京的生产厂家，那么我直接找工厂买是不是会更便宜呢？

于是我借口说我家远在顺义是否能免费派送货物以及时间安排等等，反正我就是找各种由头各种借口最终成功地要来了送货司机师傅的手机号码。

然后转身离店，我就给司机师傅打电话，动之以情晓之以理，又说自己刚毕业没什么钱，还年轻想省钱。反正就差说自己吃不上馒头了吧。最终许以一包点八中南海从司机手里要来了厂家销售经理的电话，这个经理恰巧还是司机的亲戚。

于是乎，我就给这个经理打电话："我是某某（司机师傅的名字）介绍的朋友，他让我在您这买几组暖气，能便宜一点吗？"

然后我用了一个超乎所有人预料的价格拿到了我心仪的暖气。

## 样品卖吗？

逛街是我们的一种购物形式，也需要我们运用购物技巧。

我们逛街的目的其实非常单纯，就是为了货比三家，同等质量比价格的这种思维观念并不需要我去灌输。

但是如果想省钱那么我个人的观点就是多去问问样品。以我个人为例，我进一些专卖店的时候，第一次询问的往往都是：你们这儿有尾货或者样品吗？

这种开场白其实并不丢人，恰恰是省钱的好技巧，因为商家经常会由于更换新货的原因，需要把原来的样品甩卖掉，这个时候的甩卖价往往都是远远低过淘宝那些价格的。因为实体店的运营进价还是要比淘宝那些小打小闹的商贩低得多的。

况且我们询问样品以及尾货并不代表我们就一定要买，我们也是要看质量的，

只是这种价格已经圈定在了极低的商品圈内再去看质量。得到的东西，至少全都超出我所期待的性价比。

比如：我买的厨房菜盆样品，某名牌超大304不锈钢双槽（带消音垫）+全铜菜盆混水龙头+皂液盒+全套下水件（带溢水口组件）+3套水封（1套备用）+ 一个实木菜板+一个滤水篮+一卷生料带。

出售样品的理由，换新货，样品有手印，甩卖价300元整。

我犹豫都没犹豫就买了。

所以，从最开始我老婆对我这种总买样品的不理解，到后期她也开始学会了这种省钱技巧，我们省的仅仅是钱，绝不能省质量。

**GAR🌼N** 佳诺整体家居 **课堂总结：**

省钱的办法有许许多多，我只是分享几个自己利用到的省钱办法，希望对大家还能有用。

其实我主张的观点是：生活的必需品，只要买得起都不算贵。生活的非必需品，无论多便宜，都是贵。

所以我们常说的钱花在刀刃上，是要真正地学会省钱之道，而不是单纯地贪便宜。我们一定要知道，哪些钱应该省，哪些钱不应该省。

# 我的瓷砖购买必杀技

第四十四课

网　　名: 蓝色 de 记忆
装大学历: 初一
所在城市: 北京

很早就开始关注瓷砖了，看了好多论坛上的装修日记，也百度了不少挑砖秘笈。但是放下电脑，仍然两眼乌黑，什么也不懂。最后我苦心孤诣，总结出了一套"瓷砖购买必杀技"。

我曾经默记挑砖秘笈，孤身一人杀到闽龙（北京市最大最全的陶瓷市场）。用了整整一天的时间一项一项地对比，想把瓷砖研究透彻，后来我发现我错了。为什么这么说呢？下面我们来看下挑砖的几个关键点。

（1）看瓷砖外观是否平直。这个……以600mmX600mm的地砖为例，我对比了10块钱一块的杂牌砖和100块钱一块的十大品牌砖，发现外观都很平直，在不借助高精密设备的前提下，几乎看不出多大区别。两块砖叠在一起也都贴合得很好。

（2）看瓷砖表面是否有斑点、裂纹、砖碰、波纹、剥皮、缺釉等问题，尺寸是否一致。还是10块钱一块的杂牌砖，我看不到任何斑点、波纹，更别提有剥皮、缺釉了。不过从瓷砖釉面上反射的灯管的影子可以大概判断，表面是否平整。

（3）看瓷砖的花色图案。现在瓷砖的花纹多种多样，什么聚晶、微晶玉、普拉提、铂金……要想对比必须找同款式花式的砖进行对比。

（4）看硬度（同尺寸瓷砖的重量）。如果手里没有一杆弹簧秤，你在市场东头一家店里掂量了一下10斤的砖，再跑到市场西头一家店里掂量11斤的砖。天哪，谁知道哪个更重一点？

（5）听声音。我一直觉得这个真的需要很专业的人来听。就像很多人曾经百度过挑选西瓜的秘诀，但是除非挑选过上百个西瓜，一般人还是挑不出好瓜的。即使我们听出了100块钱的砖和10块钱的瓷砖敲击声音的区别，但是谁又知道这个价格差距是否合理呢？总之，这个挑选方式需要内功深厚的人使用，一般业主一辈子可能就装一两次房子，没有这么高的道行。

（6）试水。这是个绝招，一学就会。但是我又迷茫了，25块钱一平方米的杂牌砖（基胚上都没有印厂家的标）也有一点不透水的，这样的砖真的好吗？

综合以上几点，我得出了一个结论：挑砖秘笈不是没有，但是需要时间去修炼，天分好的人可能一学就会，更多的人即使装修完了也处于一知半解的水平。

看到这里，装友们肯定会更迷茫，难道我们就任人宰割吗？当然不是这样！下面我就跟大家分享一下自己的选砖经验。

瓷砖价格从十几元到几百元不等，但是大家一定要相信，存在的即是合理的。高价砖存在有它存在的理由，比如说针对高端客户，销量少但是利润点高；便宜砖也有便宜砖的销路，比如工程用或者出租房。瓷砖的价格也从一定程度上反映了质量的好坏。可以说是一分钱一分货。

要选购瓷砖，首先要做的是给自己一个定位。比如我家卫生间的砖就定位为十大品牌。因为卫生间洗澡、洗脸刷牙、如厕都要用。卫生间用好砖第一防水，第二不会掉色或者吸附脏东西，第三就是可以得瑟一下，客人来了一般也用得着（有点小虚荣了，哈哈）。

客厅用砖我准备用性价比高的二线品牌，因为我家客厅准备多一些装饰，比如地毯。还有就是家具占据了一半甚至一半以上的面积，下面铺名牌砖我会心疼的。厨房的砖就更委屈了，2/3被橱柜覆盖，所以我同样选用了二线品牌。当然了厨房砖最好防水，考虑到长期烟熏火燎，所以不建议用便宜砖（虽然我也不确定便宜砖一定质量不好），考虑到油烟清洗的问题，仿壁纸、磨砂面的不推荐。

有了明确的定位我就杀到购砖现场，我的目标是：

1. 十大品牌——特价砖。

进门直接问导购，卫浴特价砖在哪里，看下花色、样式，喜欢的就记下型号、价格。多转几个地方会发现，同一品牌不同的展厅会有不同的型号做特价，转完十大品牌后总有喜欢的几款。然后可以上网对比一下，如果有自己喜欢且价格跟淘宝持平的，装友们就可以毫不犹豫地下手了。如果没有还可以等搜狐装大的团购。

2. 二线品牌——我不建议大家在品牌展厅买二线品牌。

我对二线品牌的判断标准是：首先质量上过得去，其次瓷砖基胚上有自己的品牌标识，再次产品说明、画册、包装都得像模像样的，不能像个"没娘的孩子"。

细心的装友会发现，几乎所有的十大品牌砖展厅都有三种档次的瓷砖：①门外牌子上的十大品牌；②主推的一两款二线砖；③杂牌砖。我可以很负责任地告诉大家，他们主推的二线品牌利润点是很高的。转过展厅的装友会发现十大品牌的花片都是单收费的，但是如果你想买他们主推的二线品牌，那么导购就会很慷慨地送你几片花片，为什么会这样呢？因为利润点高，花片的钱早就赚出来了。

其实这些二线品牌跟十大品牌展厅外的二线品牌没有任何区别，但是价格却比十大品牌展厅外的二线品牌高了不少。看到这里，我想聪明的装友们再不会在十大品牌展厅选购二线瓷砖了吧。

那么大家应该去哪里选购二线砖呢？我的建议是家门口的建材城！

选购二线砖还真得有点真功夫。什么试水、釉面平整度、花色图案等等，有心买瓷砖的装友在这方面的水平肯定比我高。除了这些硬性指标之外，我的绝活就是选商家。因为有一部分二线品牌质量还是可以的，区别就在于价格上。对付二线品牌，重点是选择实在的商家。如何选择实在的商家呢？我的绝活是：

（1）假装小白试水。向商家提问一下很白痴的问题，实在的商家会一一解答，JS则会天马行空地忽悠或者一个劲地夸自己东西好，是名牌。

（2）让商家评价自己品牌在行业中的地位。

（3）让商家评价竞争对手。

问这几个问题的目的就是看商家的态度，从他们的态度、回答以及所表现出来的素质中我想聪明的你可以做出决定要不要在这家下单。

（4）询价。实在的商家会如实报价，JS则会先问：你多大的房子？什么时候装啊？商家报价后我会表示价格高了，假装要走。这时候实在的商家会解释自己的瓷砖质量好所以贵，你要是想买便宜的也有。JS则会问"你想多少钱要，你想要多少钱的？"

如果瓷砖质量不错，花纹颜色也喜欢，价格适中，商家也比较实在。那么拿出必杀技吧！

（5）我的必杀技是：（在询到老板的最低价时）"老板，我们有4家一起装修，XX家都给到XX的价格了，您看这个价格要是可以的话我们就都在您这定了"

（这个价格一定要定准了，不能低的离谱也不能太高）。这时候关键是看商家的反应。如果商家一口答应那说明价格定高了。 如果商家很坚决地说不行，那肯定是价格太低了。如果商家口中说不行但是不是那么坚决，并且表情有点纠结，那么恭喜你，你这个价格可以拿下并且不会吃亏。

**GAR N** 佳诺整体家居 **课堂总结：**

装友们一定要注意，我的这套选购经验是建立在对瓷砖有基本认知的基础上的。多转转瓷砖卖场，大概了解下十大品牌和二线品牌以及杂牌瓷砖的价格和质量，然后才能给自己一个准确的定位。接下来才能更大限度地发挥我这套选购秘诀的作用。

## 第四十五课

# 搜街、购物、用工，
# 省钱防骗全攻略

网　　名: 榆士闲
装大学历: 高三
所在城市: 沈阳
装修感言: 把装修，当成一件快乐的事情来做，把
　　　　　装修的过程，演变成学习研究的过程。

众所周知，家庭装修的成本，主要由材料和工钱两部分构成。个人的经济条件有高有低，每家的具体情况各不相同，选择任何价位的材料和人工，只要房主本人认可，就都是适用的。但我个人并不主张过分追求便宜低价，因为在不上当、不受骗的情况下，"一分钱一分货"，是个硬道理。关键在于，这一切都必须以透明交易为前提，也就是"物有所值"。如果你在每道工序都能做到"物超所值"，那就可以算是"装修达人"了。本篇日记提到的六个方面，皆为本人在购物选料用工方面的一些心得体会，也不知能否为大家提供些帮助和借鉴。

### 宁可买大品牌中的低档货，也不买杂牌子中的高档货

在当前的市场环境下，消费者可以信赖什么？赵本山说，不信广告，信疗效。而能够保证疗效的，恐怕也只有品牌了。不论建材、家具，还是电器、饰品，凡能跻身全国十大品牌行列的，一般都是通过市场检验和消费者考察的。当然，名牌产品中也有被3·15晚会曝光的，但毕竟是少数。我个人的习惯是，大到几千元

的电器，小到几十块钱的玻璃胶，不论买什么，遇到不明白的，都先上网查询，或向高人咨询，找到百姓口碑比较好的大品牌，然后打听到我所在城市的代理商或直销商，再多方询价比对后，才掏钱购买。大品牌里的打折产品，不一定是质量差，多数情况是由样式稍微过时、尺码颜色不全等原因造成的。而在一些不知名的杂牌子中，由于该品牌的全系列产品都没有得到市场的认可，即便是标价很高的款型，品质也不一定很好。因此，作为平常百姓人家，装修时应尽量采购一些著名品牌中的打折商品，综合下来，整体上的档次也是很高的。我家这次装修所用的瓷砖，根据铺贴部位不同，分别选购了诺贝尔、马可波罗和蒙娜丽莎三个大品牌中的打折产品，铺装完毕后，整体效果相当不错。邻居家用的是某杂牌子中的高端产品，总体算下来费用也差不了多少，没比我家省几个钱，但效果却大不一样。

## 隐蔽工程用料，不能心疼钱

与安全紧密相关的隐蔽工程用料，把你在市场上能找到的最贵的买回来，准没错！

这条没啥可说的，因为像电料、水暖件这些埋在墙里的东西，你既没有精力也没有能力去辨别真假。一旦选择不慎，假货走进你家，离闹心也就不远了。为了避免将来遭罪和更大的浪费，建议到超市里把最贵的买回来。多花的一点小钱，可以理解成"放心钱"。

## 网店与实体店结合着买，建材超市与建材市场比照着购

网上购物，已成为网络时代既便捷又实惠的一种消费方式。毫不夸张地讲，网购正在改变着人们的消费习惯。据说某些超级宅男宅女，完全可以做到一两个月不出门而衣食无忧。关于使用淘宝网和支付宝，大家肯定比我专业，因为我一共也没在网上买过几件东西。我个人的观点是，在实体店中能够找得到的商品，无论多么便宜，也绝不到网店上去买。我在网上购买的纯铜仿古配件、鸭嘴长颈龙头等商品，都是在现实市场中实在找不到情况下的无奈之举。

与建材市场相比，建材超市更高档、更保险，也更昂贵。当然好货不一定都进超市，有些品质好、销量大、不愁卖的牌子，就不愿进店，那是需要一笔不菲的费用滴。像伟星水管，在居然之家、东方家园就没有卖。超市里的产品质量也不一定都好，我在超市买的某品牌水管的过桥，用料质量就一般化。二者的区别还有，个别高端产品在建材市场上买不到。比如克里斯汀品牌的砂纸、砂架以及丝光大师滚刷，你在建材市场里就找不到，只能到超市买。我个人认为，最佳的模式是两者之

间互相比照、综合选择。即：相中了超市里的某个品牌产品，不要急于购买，先记下货号，再到建材市场有针对性地考察一番，最好能找到该品牌在您所在城市的直销商。比如，我看好的一款奥普浴霸，在东方家园、居然之家、苏宁、国美等店里卖，都要700元以上。经多方访查，找到了杭州奥普沈阳总经销的地址在总站路，最终以550元的超低价位拿下！150块钱的差价虽然不算太贵，但以此类推、积少成多，也是一笔不小的费用啊。

## 回扣，是你无论如何也无法彻底规避的商业陷阱

工人在材料上吃回扣，早已不是什么新鲜事儿了，许多房主都知道，但多数房主又都无法避免。你有张良计，他有过墙梯。依我看来，这恐怕也是根本无法彻底规避的商业陷阱。仅以油工为例，此前曾看过一篇比较经典的专门介绍油工黑幕的帖子，摘转过来并结合自身的用工经历，把黑心油工如何与不良商家相互勾结、将回扣揣进自己腰包的"传奇"故事，讲给大家听。

据我所知，油工应该是各个工种中回扣拿得最狠的。基本"作案"手法总共分四步：第一步，声东击西。装修时，业主大多会听从油工的推荐，购买某一品牌的油漆。业主去油漆专卖店购买时，店内销售人员都会要求业主留下房子地址，并告诉业主为了保证使用效果，在涂刷之前会派专业人员到房子检查一下油工前期工程的质量。实际上，不论油工的活儿干成什么样，所谓的专业人员都会说合格，这样做的目的实际只有一个，就是要得到业主所装修房子的确切地址。第二步，瞒天过海。这时，就该油工出场了。业主将油漆买回去后，油工会不动声色地询问业主在哪里购买的油漆。在得到了详细信息之后，油工就会偷偷打电话给该品牌油漆的业务员，告知房主所购买油漆的型号、数量、购买店铺以及房子地址等信息。之后，业务员会将这些信息与销售商手中掌握的进行比对核实。第三步，以逸待劳。也就是油工把回扣实实在在装进腰包的时候。工程结束之后，油工会再次与该品牌业务员进行联系，业务员会根据你此前报备的相关信息结算回扣，并将现金亲自送到油工手上。至此，油工与销售商之间充满"猫腻"的交易就结束了。第四步，偷梁换柱。在装修的过程中，除了向业主极力推荐回扣率更高的品牌之外，对于如何增加业主购买油漆的数量，油工也是费尽心机。很多油工会事先准备几个与业主家所购买的品牌油漆一模一样的空桶，替换掉没用完的油漆。对于如何处理这些被替换掉的油漆，主要有两种途径：一种是拿了业主的油漆之后，再交给业务员，然后换回相应的现金；另一种是他一直积攒着这个油漆，当有一天遇到那种包工包料的活儿时，就派上了用场。

传说有多奇，我来告诉你。油工与商家勾结的手法也在与时俱进，早已不是过去那种一次一分赃的老套路了，而是：办卡。通常只要推荐过一次某一品牌的油漆，这个油工就成了该品牌的所谓会员，并办理会员卡。不是每次都当场结账，而是累计积分，"秋后给大米"，年底一起算账。这样做，更便于混淆房主视听，宰人害人于无形。商家在每年装修旺季来临之前，都要召集业绩突出的所谓"金牌会员"召开年会，会上公布新年度奖励抽头政策，并发给电话充值卡等实物补贴。

　　回扣有多高，保你想不到。标价495元的油漆，卖出一桶竟然能够得到160元的回扣！回扣率高达32%。为了刺激油工的积极性，年底根据积分多少、业绩高低，除了给付油工应得的回扣之外，商家还会搞些物质奖励。据业内人士介绍，"某知名品牌沈阳年度销售冠军的会员油工，居然奖励小轿车一台！第2名到第5名是每人奖励一台笔记本电脑。"除此之外，油工的销售额每季度也会做一次统计，分别奖励一定数额的现金或不同物品。据我所知，路上许多油工骑的电动自行车都是这样得来的。

　　为了尽可能地远离回扣，请牢牢记住两句话：一是千万不要让工人带你去买料，也不要完全听信工人推荐的品牌，否则你会很受伤。二是如果发现工人开出的工钱明显低于行价，买料时就要多加小心！

　　这里教给大家一个"野路子"，一般人我不告诉他。把油工开的料买回来后，在他还没来得及下手之前，你找一个长相比较像干活人的亲戚朋友，或者干脆在楼下雇个力工，给商家打电话要回扣，十有八九能够成功。我没这么干过，但我朋友干过，他管这叫"反回扣"！

　　前年，我把车库改造成一间可供临时休息用的"起居室"兼"会客厅"，需要找木匠用夹芯板打一张单人床。由于活儿太小，就在马路边上随便喊了一个。买料前这厮反复强调，夹芯板一定要买"树叶王"品牌的，质量很好。我嘴上不说，心里却跟明镜儿似的，小样儿，跟我玩儿这套！咱也是老中医，给我配啥药儿啊！但实际上，最后买回来的还是"树叶王"，买啥牌子对我来说都是一样。这样做的目的就一个：让他爽透，好好干活。

　　关于个别工人偷卖材料的行为，性质上属于盗窃，可以法办。出现的可能性也不是太大，但在初次雇用不太熟悉的工人时要留意，做到心中有数。我曾经干过这么一回：2008年一好友家装修，从设计到买料、从用工到施工，都交给我全权办理，他算是黑上我了！但我又没有大块时间跟工人在工地上泡，就想出个办法。我让朋友把买回来的料都集中到一个房间，顺着墙跟儿分门别类码放整齐，并在每一种材料下面压一张纸，预制好空表格，填写上材料的种类、品牌、数量等等，什么是射钉、哪个叫油漆，都标注得清清楚楚。房主不在时，工人用料要自己到这个房间"提货"，每次取料后要在纸上记下数量和用途。这样，房主下班后到工地，看看当天的出活儿情况，再看看记录，就一目了然了。据朋友讲，当时工人的表情可以用八个字来形容：无可奈何，忍无可忍！当然，这也是被逼出来的无奈之举，绝不推荐每家装修都照此办理，很容易伤人。真要是把装修工人给惹毛了，祸害房主的邪招儿，有的是呢！

## 砍价秘笈

上百元的东西减一半加十块，上千元的东西减一半加一百。

这是老婆在五爱市场买衣服时常用的招式，很管用。对个别利润较大的装修材料，也适用。至少，它能为你提供一个侃价的参考。

## 熟悉目前装修市场的用工行情及工钱核算方法，做到有的放矢

稍微老道一点的装修工人，跟房主谈活儿讲价，是很有些技术含量的。讲究的是察言观色，玩儿的就是心理战。只要不少于行价的最低标准，同样的活儿，根据房主个人情况不同，工人喊出的第一口价儿，上下差距是很大的。对靠死工资生活的上班族，工人怕一口价喊高了，把活儿给吓跑喽，煮熟的鸭子也会飞掉。而对财大气粗的大款富豪，特别是对那些为富不仁的地主老财，工人会把小刀儿磨得快快的，心想反正房主的钱也不一定是好道儿来的，不宰白不宰，我不宰别人也要宰。咱们肯定不是有钱人，谈活儿时就不能总是牛哄哄的，容易让工人产生错觉。解决办法就是尽量保持低调，甚至可以主动示弱，在他还没开价之前，旁敲侧击地透露一下诸如"买这房子贷了多少款，有多么不容易，都没钱装修了"等等或真或假的信息。我每次在跟重要工种的工人约好看活前，都特意换上最破旧的工作服，以最寒酸的面貌示人。我理解，装穷并不代表低气，而是一种策略。

在工人来源的问题上，我的观点是，如果有一个东北师傅、一个南方师傅同时供你选择，尽量选择南方的。南方人心细、手巧、能吃苦。事实上据我所知，过去皇宫包括现在中南海装修雇请的工匠，大都以南方匠人为主，鲜有北方师傅。在南方师傅的选择上，我又偏好找江苏人。能够十几年还活跃在家装市场的江苏人并不多，特别是苏南苏中等经济发达地区，鬼精鬼灵的那一帮子早就自己做买卖当老板了，能够生存下来的，一定是手艺好并且吃苦耐劳的。

在工人的年龄上，以木匠为例，我认为找四十岁上下、年纪稍轻一点的师傅，

是比较稳妥的。老话讲：少木工，老郎中。意思就是说，看病要找老大夫，比较有经验；请木匠要找年纪轻一点的，功底扎实，心灵手巧，还有一定创新意识。四十岁左右的木匠，既有一定社会经验，懂得待人接物之道，手艺又经过系统训练。不像老木匠那般性情油滑、手艺呆板，也不像小木匠那样的不定性。上有老下有小，生活压力偏大，看重每一次挣钱的机会，省吃俭用、珍惜荣誉，干起活来就比较诚实可靠。

在工人工资的核算上，多数是按活儿算钱，也有按工期算的，还有按工艺的难易程度算的。但甭管按什么算，在工人脑子里都有一个运算公式，就是一定要把你家的活换算成"工"，即指早八晚五干满一天所消耗的脑力和体力。想知道各个工种的每一个工值多少钱，就要知道"行价"。工的价格，随行就市。总体上看，肯定是逐年上涨的。

看完活讲完价后，工人一般都会老不情愿地对你说："你家这活儿，太便宜，我都干赔了！"这是他们的惯用伎俩，根本不用搭理他，也不用觉得欠他多大人情似滴。装修工人不像开工厂和做买卖，有成本跟着。靠卖手腕子挣钱，只有挣多和挣少的分别，根本没有"干赔"这一说。

在雇用工人的过程中，还有一项特别需要注意的问题，就是"串活儿"。它是指在上家活儿还没有彻底干完的情况下，就到下家儿去干，最流氓的还有同时串好几家活的。串活儿的问题，在木工和油工这两个工期较长的工种中，比较容易出现。工人这样做的目的只有一个，就是把生米煮成熟饭，尽量把谈好的活都实实在在地变现。即便没有全部完工，房主也不可能再找别人了，只能等着。把全部工程款揣进腰包，只是个时间问题。但对房主而言，后果却非常严重。工期的延长，耽误入住不说，还会直接影响到工作的连续性，导致工人精力不集中，工程质量也会随即下降。因此，在跟工人谈活之初，就要把这个问题郑重其事地提出来，防止到时扯皮。

## 买料、雇人，把握好场所和时机

到建材市场买料和去零工市场雇人，想省钱，就要把握好场所和时机。

（1）买货尽量早点儿到，退货尽量晚点去。这条很好理解，换成你是商家，肯定也想开门就有生意成交，少挣点也没关系，就图个吉利。谁也不想大清早刚开张就有人来退货，晦气。

（2）尽量到偏僻一点的零工市场雇人。我就经常到204地区的零工市场找力工或者打扫卫生的，我管这里叫"经济欠发达地区"。工钱自然也便宜不少，跟距离远近差不多的造币厂零工市场相比，最少差三分之一以上。另外，按照零工市场行上的惯例，你跟一个力工没有谈成，就不要再在这个市场上继续找人了，一般是没人会给你干滴。按他们的话，这叫"掏地沟"，为广大力工同仁所不耻。这么干上个一两回，这个力工在这个市场，就没法混了。

（3）雇零工早晨去不如午饭前去，中午去不如下行前去。零工生存法则使然，作为"站活儿"的选手，一天之际在于晨。谁都想着一大早就接个大活儿，尽快把一天的工钱挣出来，这时去找他不黑你才怪呢。在马路边白白蹲了一上午，又冷又饿，中午饭钱还没有着落。这时你再去找他，一样的活儿，肯定比早晨去要便宜些。到晚上下行前眼看要收工了，该挣的早就挣出来了，没挣到的也不去妄想了，着急回家老婆孩子热炕头儿。工人这时的心态是，多干一个活儿都是白得。因此，一些不起眼儿的小活可以这时去找，差一不二滴，一般讲一讲他就给你干了。

我鬼不？老婆说，你太有才了！

**GAR⊙N** 佳诺整体家居 **课堂总结：**

都说装修这一行水深，稍不留神就被呛口水，平时多积累些经验，肯定能帮你省点银子。

# 挖个铝扣板的陷阱，
# 让你往里跳！

### 第四十六课

网　　名: 心之所向 0922
装大学历: 高一
所在城市: 北京

这年头还是有钱人的日子好过，买东西直接去居然之家、百安居甚至红星美凯龙，说多少是多少，价签上的字骗不了人，无非买完回来觉得贵了心里不痛快一下，至少不用跟商家斗智斗勇。

逛建材城就不一样了，一不小心就被奸商带坑里面去了，我家装铝扣板吊顶的经历就是很好的例子。

#### 奸商手段之一：用低价挖个坑先给你备着

去红星美凯龙逛过大牌铝扣板吗？动不动就几百块钱一平方米，反正我是买不起。去建材城逛一下，三四十一平方米的都有！

"哎呀，你可真明智，幸好昨天没在大商场里订。"

可是，如果你放松警惕的话，最后就会被说"你个傻女人，怎么会跑到建材城里随便买东西呢……"

因为铝扣板吊顶这种东西，板子多少钱一块，边条多少一米，加工费多少钱一平方米，异形费怎么算，厚薄不一样的板子价格怎么样……各种费用算下来，业主不长脑子的话，总费用下来会比红星美凯龙还贵哦。

其实铝扣板没有太大的技术含量，300mm×300mm的板子就算有异形，轻轻用刀子一划，再用手掰两下就裁好了。

而且据说北京市场上各种品牌的铝扣板其实也就出自几个工厂，挂在顶上的东西，只要第一次吊好了，以后没事别爬梯子去玩它，质量一般情况下都差不多。当然，非要追求多少厚度的例外，像我这种得过且过的人，就只关注花型了。

裁就裁在外貌协会上，把满意的板子选好以后我就出去接电话了，让老公盯着老板写定金条（200元定金）。只要让他盯的事情，就跟没盯一个样。老板说："边条25元一米的啊，还有一种欧式的是30元一米。"我这老公回答说："好。"这样，我们就华丽丽地让老板多挣了一小笔。

## 奸商手段之二：玩计量游戏等你往坑里跳

今天这家工人一来就要开始干活，被我拦住——等会儿，先把价格对一遍再开始干，否则翻脸不认人。

"大姐啊，你至于的吗？这点东西。"

"至于的。"多的话不要跟他聊，拿出定金条对一遍，他马上就不同意了！（定金条上一定要把每个房间材料多少钱写清楚，计算单位标明是平方米数、块数、米数还是根数。）

这工人说："不对啊，都是按板子收费，多少钱一块儿板。"

我说："多少块儿啊？"

工人说"1m²是9块儿板。"

我说："你觉得我智商就你一半多是吗，1m是1000mm×1000mm，板子是300mm×300mm一块儿，怎么就9块了呢？

工人马上就乐了，说："你还挺明白！"我喷……我理工科出身，这点小小的算术题就想把我整蒙了？按照他的算法，9块儿板才0.81平方米，就收我1平方米的钱，单这一项，就要多挣我将近四分之一的钱。

此回合算我胜吧，最后数板子，然后减掉一些，相当于平方米数的总价，我也不跟他磨叽了。

跟着，工人要求人工费也按板子数儿算，还跟我嚷嚷，我比他声音还大："干不干？不干马上走！"最后，人工费按平方米算，我家工长马上拿尺子量尺寸。如果按板子块儿数算人工费，他就又挣了你一笔！

最后，边条的数量，如果你不提醒工人，他可能抽出一根来裁，剩下的就不要了，等你质疑他的时候，他就会说"拼贴的有缝儿，不好看"等等。所以我提前告诉他："你随便拼，我不介意有缝。"他马上就说："你如果不要求，我肯定按规范给你做，一般都不能拼着贴。"规范你个头啊，你这一规范，我的钱就哗哗地到了你的兜里。

### 奸商手段之三：掉坑里你还得替他数钱

卖铝扣板吊顶的一般手里都有电器，比如黄金管、风暖、LED灯、灯暖等等。我碰到的建材城甚至商场里好多都说"市场不让接电，试不了效果"，其实是不敢试效果。

铝扣板商家几乎都是代理商，很少有品牌具备生产电器的能力，所以他们卖的东西也都是从外面拿的。板子、工费的陷阱已经被你看穿门道了，那可不要卖点电器给你挣钱吗？

那些已经掉到坑里的人，可能会图省事就在同一家买电器，一起安装一起售后，但这些电器的质量就很难保证了。

我家浴霸是在专卖店购买的，今天安装铝扣板的工人问我："你家浴霸是我家的吗？"

我反问他："你家有这款吗？"

他犹豫了一下说："怎么没有呢？"

我说："你确定吗？你家卖的这个牌子的浴霸都是假的！"

他说："也有一两款是真的。"

我说他："你也真好意思说！"

最后，铝扣板我用了三种板子，价位分别是40元/平方米、65元/平方米、35元/平方米，再加20元/平方米的安装费，50元钱异形费，边条浪费了一米多我就没计较了。两个卫生间加一个厨房，一共17平方米多一点，2050元。如果不跟他们斗智斗勇，今天可能就得多出几百块钱了。

**GAR N** 佳诺整体家居 **课堂总结：**

其实工人干活儿很不容易，业主都清楚，遇到心肠好一点的，根本不忍心跟他们算计工钱。但是如果提前挖好坑等着业主往里跳，性质就不一样了，咱的钱也不是风刮来的，怎么也不能便宜了给咱挖坑的人呀。

**第四十七课**

# 集成吊顶，
# 我不得不说的故事

网　　名：伊瓜苏

装大学历：初一

所在城市：天津

装修感言：谋定而后动

说起我家的集成吊顶，我又要变成祥林嫂来讲我波折的经历了。好吧，再讲一次这个LONG LONG STORY。就当是"我为人人"来做个提醒。

## 一起

我家上次装修用的铝扣板质量和效果都非常好，当时那种长板是一平方米85元。这一次最初我们是直奔那个品牌去找的，结果发现该品牌在天津早撤店了。之后通过扫街发现，现在集成吊顶的发展真是突飞猛进，什么铝镁合金的、纳米的……看得我们眼花缭乱。但我和老公是任那百媚千红，却独爱白板最简单的那一种。每次进到店里都直接问："有没有纯白的？"了解到的价位大概都在90~120元之间。

三月里的一天，偶尔在一家卖场看到了OP（此处以及本文所有品牌均为拼音字头缩写），因为有与其同名的大牌橱柜，所以我们走了进去，先问销售人员：这个吊顶和那著名橱柜是什么关系？他们老板当时也在店里，一点都不含糊地告诉我，它们是同一个公司下的不同业务。哦，还是大牌啊！关键是眼尖的我居然一眼看到墙上贴着一张通知，第一行就是"哑光白特价每平方米49元"。哇噻，简直得来全不费功夫啊！我拿出吸铁石试了一下，一点儿吸力都没有，确实是铝的。再跟他们多次确认，送到我家的板子上肯定每一块上都有OP的标，在得到肯定的答复后，我毫不犹豫地交了500元定金。哎呀，这可真是捡到了一个大便宜啊，才49元，大牌子！要知道，为此我高兴了好几天呢。

其实后来我们在网上查到这个铝扣板和著名橱柜其实根本什么关系都没有。但是看在它们价格便宜的份上，又是著名卖场的商家，我还是挺满意的。毕竟我们的需求比较简单，它能够满足。

### 一折

这说着话就到了瓦工完活油工后期，我开始预约铝扣板的测量和安装。找到了当时的定金单，先打店面固定电话，结果……"您拨打的电话是空号！"嗯？估计是印错了吧。没关系，我再打销售人员的手机，结果打了两次都是电话通了没人接……我的心里咯噔了一下，但是很快就想了方法，在网上查了卖场的总机，直接找到他们的服务台，"您好，我买的你们X层X号的OP吊顶，想预约一下安装，但是电话打不通。麻烦您帮我去叫一下他们，好吗？""OP吊顶已经从我们这儿撤场了。""那我这个单子怎么办呢？我的定金能退吗？""这个你打一下我们售后电话。"看，在大卖场里买就是放心，反正有售后。"是卖场售后吗？我买的你们X层X号的OP吊顶，你们服务台告诉我他们撤场了，那我的定金能退吗？""能，把你的卖场订单号告诉我。""好（我拿出定金单），可我这个是OP自己的订单，不是卖场的，行吗？""这个不行，必须是通过我们签的，我们才能管。""那，你们那儿有他们其他联系方式吗？我这儿有两个电话都联系不上，我这儿记的是XXX和XXX。""那和我们这登记的一样。""那我该怎么办啊？""我们如果联系上他们再联系你吧。"……我的心已经拔凉了，500块大洋看来打了水漂了。

### 二起

那个手机不是能通嘛，我没死心，晚上接着打……居然通了。"是OP吊顶吗？""是啊。""哦，你是X老板吧？""对，是我。你是不是白天给我打电话了啊？我正在谈生意，没有接。""听说你们在XX卖场撤场了，我定金交了，需要测量了。你们还做吗？""做啊，你直接联系我们安装班长，电话是XXX。你放心，以前的单子我们一定负责到底，让你们满意。"天哪，柳暗花明又一村啊！能给俺安就好。

### 二折

约好了测量，订好了10月5日安装。一大早，我约好的石材、窗台石、吊顶三家几乎同时到了，我的院子里卸货卸得那叫一个热闹啊。我俩一个盯着这边，一个招呼着那边，不亦乐乎。要说我的眼确实是尖啊，一边在这儿数石板数呢，一边居然发现正在搬进屋的吊顶纸盒上居然什么字儿都没印。我赶紧进屋拿出板子来一看，那板子背面上只有生产日期，根本不是他们承诺我的那样，每一块上都打着OP的标，拿起来一扇还忽闪忽闪的，质量真不咋的。龙骨上也同样没有标。我马上跟安装师傅说先不要装，赶紧就打那个老板的电话。"X老板吧，您送过来的吊顶好像发错货了吧，不是OP的啊（我本想给他个台阶下）""怎么不是？就是啊。""纸箱上没有牌子，没有生产厂家，板子上也没有OP的标，您不是说每一块上都打着OP的标吗？""啊，最近我们厂里的模具坏了，这一批都没有标。""那我订的是有标的，你帮我换了吧……（这里省去磨嘴皮子的1000字）"总之老板终于答应把这批货带走给我换，一周后再来安装。他们临走时，我特地留了一块样板，一是再鉴定一下质量，二是以防下次再给我发同样的板子。

后来装修队的高工和李工过来都告诉我，其实外环线边上有很多厂子，都生产这种铝扣板，而且你想要什么标就能打什么标。这时老公当机立断，即使500元真打水漂了，我们也不能用它了。就这种质量，以后老化、变色、掉漆的风险太大了，而且这样的商家，以后就是有问题我都找不到人呢。当然，我还是希望能把钱退回来的。所以后来我又反复给那老板打电话，这次是直接把话挑明了说的，明确说我不装了，要退款。为了要回我的500元，我态度还是很不错的，功夫不负有心人，500元一分不差地落袋为安了。这里倒是要表扬一下那个温州老板，人品还是不错的。

### 三起

我们在钱退回来之前，在某建材商场交淋浴屏的余款时，顺便在商场关门前迅速进行了铝扣板的扫街，并以最快速度交了定金，定下了北京的品牌KPS。这家品牌在该商场已经10年多了，是肯定不会卷包跑的那种，放心！滚涂纳米白价格是每平方米99元。我特意让销售小姐注明了量尺前定金可退，以防万一。我当时就想用这张订单垫个底。

当晚回家查看了我之前的扫街记录，居然我三月份就记过在这家商场它家的价格就是这样的，一直没变过。

### 三折

国庆假期最后一天，去另外一家建材市场，老公提议再去考察一下铝扣板，正巧我们又看到了KPS。这次时间不紧张，我俩更加详细地了解了一下，总体很满意。而且，这里的销售人员直接就给我报了每平方米90元的价格。因为我家是1个厨房3个卫生间1个储藏室，算是面积多的，看我挺感兴趣的，销售的大姐又很爽快地给我优惠到每平方米88元，加送一个LED灯。

这件事，经过这三起三折就正式解决了。其实我心里还是有点遗憾的，心想这得比我最初定的那个要多花多少钱啊，毕竟每平方米从49元到88元，将近涨了一倍呢。于是，我按照我家的最终面积算了一下，结果却令我大跌眼镜。大家来看我的计算和比较：

| 购买地点 | 品牌 | 铝扣板 | | | 边角 | | | 总金额 | 赠品 |
|---|---|---|---|---|---|---|---|---|---|
| | | 单价/m² | 面积数 | 金额 | 单价/m | 米数 | 金额 | | |
| 红桥欧亚达 | OP | 49.0 | 26.4 | 1292.1 | 30.0 | 54.0 | 1620.0 | 2912.1 | 无 |
| 红桥美凯龙 | KPS | 99.0 | 26.4 | 2610.6 | 20.0 | 54.0 | 1080.0 | 3690.6 | 无 |
| 南开欧亚达 | KPS | 88.0 | 26.4 | 2320.6 | 15.0 | 54.0 | 810.0 | 3130.6 | LED 吊顶灯 |

那个每平方米49元的品牌总价居然只比我最后定的这个便宜了200元钱，并没有我想当然的那么多。而我同品牌同款同样的东西换了一家买，居然省了将近600元钱。

这真是不算不知道，一算吓一跳啊！

**GAR⊛N** 佳诺整体家居 **课堂总结：**

1. 别忘了考察吊顶龙骨，龙骨的强度及硬度会直接影响整个吊顶的平整度和缝隙度。

2. 正规厂家的板子和配件（龙骨等）上都应该有商标或厂家的标志。切忌选用像我第一次收货的那种一无厂家二无商标三无地址的产品。我们最后选择的产品，龙骨就很坚硬，每根龙骨上都有商标，确实是小品牌所不能比拟的。

3. 板子和边角的数量建议大家自己进行复核。商家很可能会多报一些。我家最后测量后，边角报了60米，我自己根据房型图算下来是52多一点，跟销售人员一说，倒是二话不说给减了。但我要是相信他们不自己算呢？

第四十八课

# 从买瓷砖看 MKBL 的脸

网　　名: 龙不楞
装大学历: 高三
所在城市: 石家庄
装修感言: 努力，建一个好家!

变脸是川剧里面的一种表演技巧，可我在瓷砖购买过程中，也"欣赏"到了变脸表演，不过这"欣赏"过程可不是愉悦的。

## 红脸

2010年春节刚过，当我第一次走进MKBL瓷砖红房子店时，一位热情的服务员接待了我。除了不厌其烦地介绍外，还阿姨长阿姨短地叫个不停，让我这个初进装修市场的老太婆倍感亲切，对MKBL印象格外的深。我在她的介绍下，看中了一款瓷砖，她告诉我："过些天还会有更优惠的活动，你那时再订。我会随时把信息告诉你。"这是何时修来的福啊，我太喜欢这个小闺女了!

2010年3月13日是石家庄怀特陶瓷城MKBL陶瓷店正式开张的大喜之日。就在十几天前，我就从不同的渠道收到了好几张海报，当然，也有红房子店那个小闺女的信息。都说新店开张，优惠多多，奖品多多。

13日，我在外面锣鼓喧天、彩旗飘扬，里面喜气洋洋、人头攒动的MKBL瓷砖怀特店里交了将近7000元，订了我中意的瓷砖。老伴和我还都获得了抽奖券。我意外地得了头奖，MKBL坐便一个。原价1000多元，我只需交99元就可拿走，再交50元，免费送货安装。老伴的奖券也中了4平方米的小地砖。现场一位朋友还送了我们一个4平方米的小地砖奖券。因为我们新房子需要15平方米的小地砖，除去奖券上给的这8平方米小地砖外，我们还需要7平方米的小地砖，当时想，一起在这个店里买了得了。这样，我们交了7平方米小地砖的全款和149元坐便的费用。

交费时，服务员告诉我："阿姨，您买的座便器到时和砖一块送过去。"我还特意说："我还有一年多的时间才用呢。"她说："什么时间都可以，只要您打个电话，我们就送，我们是大品牌。"

因为第一次接待我的服务员是红房子店的，所以，这一单我算是在红房子店买的。在这一年多的时间里，或顺路，或拐个弯，我曾多次去过红房子店，或进去打个招呼，或进去讨杯水喝，也有时和小姑娘们说会儿话。她们每次都笑脸相迎，笑脸相送，阿姨长阿姨短，让我有宾至如归的感觉。所以，我又介绍了两个朋友买了

MKBL的砖。2011年3·15那天，我又在这家店订了2000多元的卫生间墙砖。

## 变脸

2011年10月底，我家该装修了，要送砖了。我把全部的票拿去，告诉她们，我要送砖了。但是一个多小时后，她们告诉我，坐便的送货单找不到，让我到怀特店去找。我只好又去怀特店，但当我说明来意后，这个服务员马上小脸一拉，"这个单不是我们开的。"我告诉她，是那边让我来的。她又翻了一会，脸更长了。接着，打了个电话后，对我说："不是我们的事，是红房子的事。"把我晾在那里了。

后来，过来一个男的，可能是店长吧。听完我的叙述后，给总会计师打了个电话后，告诉我，货还在，没出库，但提货单丢了。他说自己是五月份才来的，不清楚这事，等他们协商后再说吧。我说，我要用了。他说，那他没办法。

## 冷脸

瓦工师傅进家了，不能再等了。我让他们把砖先送过来。11月1日，砖送到了。司机说，你们在家里清点吧。我一想，这样更好。就在家里等着。

后来又发现70片卫生间的小地砖没有。师傅说："库里没有了，你和售货员联系吧。"

在清点时，我发现有两箱砖破损了，就问师傅。师傅说，你在签单上注明即可，我也可以作证，他们会来人的。

我打了N个电话，但都是无人接听。无奈，11月2日下午，只好再去红房子店。

当我这次走进红房子店后，两个服务员谁也没理我。我只好笑脸相问："MY在吗？"

"楼上。"

我只好爬上楼去。

MY看我一眼，冷冷地说："我正接待顾客，你等我一会儿吧。"（确实有两顾客）

过了十来分钟，我插空和她说："坏砖怎么办？"

"当时在车上查出破损的砖，让师傅拉回来，算我们的。砖一进家，就算你的了。"

"包都没打开，你们司机师傅也可以作证呀。"

"可以让售后到你家拍照，上报，再做处理。"

"我那70块砖怎么办呢？"

"你等会吧，我现在有事。"

十几分钟后，过来一个短发小姑娘。"MY有事，我来处理吧。"

"我想问，我那70块砖怎么办？"

"这个我知道，我们库房没这种砖了。你换一种吧。"

我说，可以。

"那你下楼挑吧。"

我只好忍着腿痛，一步步挨下楼梯。

当我挑好一款后，她扭身拿过来一本收据，说："补差款吧。"

我说，为什么呀？

"你挑的这款砖贵，当然要补差价了。"

"是你们没货了呀，又不是我要换货？"

她说："那个砖是当时买了就要提货的。你当时没提，所以现在就没了。"

"可是，这么长时间，我来过你们店好多次，你们谁也没给我说过呀，而且当时也没说要立时提货呀！"

"谁叫你那么早就把钱交了呢？"

"早交钱，也是我的错？"

"那我不管，这事不是我经手的。"说完，一扭一扭地走开了，把我晾在了那里。

我又要上楼找MY时，听她在后边说："哼，找谁都没有用！"

MY还不错，虽然面无表情，但还是给了我一点希望，"我明天请示一下店长再说吧。"

回家的路上，我一直纳闷，怎么今天他们的脸色和以往大不一样了？不过，细想一下也是的，我现在不是在给人家添钱呀！

今天是20111102，朋友说，这是几百年不遇的对称日，是吉祥幸福的日子。可是，我今天过得极不痛快。坐了冷板凳，遭了人家的白眼，听了人家犀利的语言。唉！

## 黑脸

瓦工师傅等不及了。我只好隔了一天之后，又去红房子店。MY答复我："请示店长后，给你换了两款有色差的尾货，一种30片，一种40片。"

我说："我要一个色的。"

她说："不行。"

我说："我一个5平方米的卫生间，地下铺两种颜色的砖，不合适吧。"

"那没办法了。"

"我退了可以吗？"

"可以。但现在不能给你钱，要过几天。"

我说："没关系，一共也就三百来块钱。"

关于坐便：

从10月31号到11月7号整整一个星期也没有接到MKBL的任何一个电话。

11月7号下午，天上飘着小雨，我又来到怀特陶瓷城，又去问那个戴眼镜的小姑娘。她说，那是两个店长协商的事，店长在外边开会，我是小兵，我没有决定权。你回去吧，有结果会给你打电话。

今天是11月9号了，拍照片的至今也没露脸，电话也没有一个。

想想这一年多来，在MKBL看的这些脸色，我实在不知该说什么好。谁叫我是一个无助的老太太呢！

**GARON** 佳诺整体家居 **课堂总结：**

"变脸"好像是现今不少商家的一个通病。交钱以前一个脸色，交钱以后又一个脸色，这就让我们这些小老百姓活得很难，活得很累。好在我遇到的这个商家是个大商家，好在我把经历写成帖子在搜狐装大发了以后，引起很大关注，后来，商家还是帮我解决了。

## 家具的波折

第四十九课

> 网　　名: 懒羊羊啊懒洋洋
> 装大学历: 大四
> 所在城市: 哈尔滨
> 装修感言: 懒洋洋，慢慢爬。别看我慢，
> 　　　　　慢工出细活。

可能有人还记得，从去年年底开始，哈尔滨当地的报纸上登了许多"某某家具出口尾货全场3折"之类的广告，起初还是欧式风格，到了今年年初，换了一批货，式样恰好是我想要的东南亚风格，这一套卧房家具才不到七千块，价钱也很吸引我，卖家具的还是在一挺有名的大家具商场，于是我拿着广告就去了。

### 波折一：惊觉被骗

到店里一看，满满的人。细看家具做工，虽然看得出是板木结合的家具，不过皮子贴得挺细致，味道也不大。虽然跟我的梦中情人们"某某林"、"某某树"是完全不能比的，可价格也是完全不在一个档次上，很适合我只满足三到五年内居住需求的目标。我当场决定买下来，这很符合我一向懒得跑、懒得比较的坏习惯，也直接导致了以后的一系列波折。

本来想先买全套卧室组合，结果在现场一转，觉得餐桌餐椅不如一起配套买来算了，再后来又觉得那套组合书柜也不错，再后来我妈又看中了一个电话几……总之现在我家除了沙发电视柜和鞋柜，别的生活必需和不必需的家具都在这家买了，

一共一万多块钱。当时我很茫然地任导购小姐领着在旁边一个小隔间里交了钱，拿了一张机打的收据，还很放心地定了六月底送货，还更放心地跟导购小姐说：到时候如果我家没装修好，货就先在你家库里放着哈。

过了3·15的第二天，我又去那家商场逛，忽然发现服务台上贴了一大张提示，内容大概是禁止商家私收货款。我当时就慌了，我那钱也算是私收的货款啊。于是找店长，要求给我换商场统一销售合同。店长表示这是小事一件，不过今天会计没来，过两天好吧？于是过两天再找店长，店长表示这是小事一件，不过今天老板出去开会了，没法盖章，过两天好吧？于是过两天再找店长，店长表示这是小事一件，过两天好吧？

于是四下打听，忽略其间找工商、找税务、找商场高管、找12315等一系列活动，又经高人指点，终于得出结论，这个店家就是有诈骗嫌疑，想把钱要回来是不可能了，试着强烈要求送货吧。

## 波折二：找店长小姐聊天

于是我作为一个暂时很有时间的人，没事就去店里坐坐，跟店长小姐聊天。有顾客来呢，我就大声点跟她商量为啥私收货款不给开正规销售合同呢？没人来我就歇歇。这么聊了十天半个月，店长小姐建议："您别天天来了，要不我们第一批货从广东运到就先给您送？"我说我看你们不是有摆样吗？我就要这个。她说也行，您挑挑有哪件没问题就给您送哪件。结果挑了半天，也就一张床两个床头柜能用，我就回去等着送货，送来之后发现床头样子不对，找她换，她说四月份新货就到了，下次送货一起换吧。

四月初我打电话给店长小姐，货没到。四月中旬我打电话给店长小姐，货到了，没到全。没办法，还得继续找店长小姐聊天。于是，货就到全了，我跟店长小姐约了个时间送货。

到了约好的日子，早晨我给店长小姐打电话问：今天能送货吗？店长小姐的反应让我怎么听怎么觉得她原本就没打算今天给我送过来。最后说是中午可以送货，结果到了下午店长小姐的电话打不通了，店面的电话倒是有人接，说店长小姐出去了，等她回来会回电话给我。到了傍晚还是没人给我电话，我继续打店长小姐电话，不通；打店面电话催，说店长小姐还没回来……最后，终于天快黑了货送来了，结果连同上回送来的也就是全部的二分之一吧，床头也没给我换。

## 波折三：货送全了，可我的桌腿呢？

然后我又开始了没事上店面找店长小姐聊天的日子，聊了两次，她说下周又会送来一批货，这次一定送全。到了约定的日子，这次是穿商场制服的工人来送货了，时间也还算准时，余下的家具基本都送到了，不过送来的一张桌子没有腿儿，床头还是没给换。找店长小姐聊天，她说由于我催得太急了，工人太匆忙了，把腿儿落下了，没看那包装箱上写的是别人名字吗？因为照顾我把不着急要货的顾客定的货先给我了。我向她表示感谢，并问：腿儿啥时候给送？床头啥时候给换？她表

我家的桌腿什么时候送来呀？

示不着急，等我家组装家具的时候一并带来好啦。但是我决定继续找她聊天，于是两周后，我正在店里跟新来的店员聊天时，店长小姐说有车从库房来，床头压在其他货下边拿不出来，只把桌子腿给我带来了，我就自己扛着桌子腿回家了。

尾声：你的桌面，是在我家吗？

再后来，常看黑龙江电视台《新闻夜航》的同学大概看到过这么一个连续报道：某家具商场查封了某商家的店面，许多顾客交了钱却拿不到家具，商场和商家都指责对方，认为自己是受害者。其中一位顾客气愤地说他买了一套桌椅，只给他送来四条腿儿，没给桌面。我很后怕，要是我一直没工夫找店长小姐聊天，是不是我就该站那位顾客旁边说：我也买了一套桌椅，给我送了桌面，没给四条腿儿呀！

**GAR⊛N** 佳诺整体家居 **课堂总结：**

对于初次装修的人来说，装修路上充满陷阱。即使是在大商场里装修豪华、经营了一年以上的大店面，也不一定能保证是信誉好的商家，更不能保证是及时送货、货物与合同完全相符的商家。没有任何经验的消费者，会遇到怎样的商家？

我买家具的这次经历中，第一个疏忽，是将货款直接交给商家，而没有通过商场，没有签订有保证的售货合同。但是这次事件中，也不乏商场规范了商家行为之后，按正规流程交款，最后仍然被商家卷款而去的消费者。

我的第二个疏忽，是交款时间和约定送货时间间隔太长。如果我没有及时发现问题，一直乖乖在家等到当初约定的六、七个月后再要求送货，那时候商家早不知跑到哪里去了。但是我在另一个知名度比较高的洁具商家定的浴室柜和马桶，也一样是付款后半年左右才要求送货，并没有出任何问题。

作为普通消费者，要避免遇到类似问题，能只付定金，送货时再交全款是最好的了。如果不能的话，购物前一要仔细考察商家以往的信誉，现在网络这么发达，搜一搜商家有没有不好的新闻。拖延或不给送货、货不对板之类的店，就尽量不要去买大宗的、需要定做或过些时候才能送货的商品了。二要尽量去比较有保障的商场里购物，即使商家出现问题，至少你还有个可以说理的地方。三要及时发现异常，及时努力解决问题，比如在感觉事情不对的时候，勤快地找"很有良心"的店长小姐聊天。

第五十课

# 团购空调，
# 一波三折的砍价经历

| | |
|---|---|
| 网　　名: | 公主爱生活 |
| 装大学历: | 高三 |
| 所在城市: | 石家庄 |

装修后期，各种家电的采购提上了日程，正好装大组织了某商城的家电集采活动，我和菲小妞同学兴冲冲地去参加了。这次采购可以说是我装修以来最曲折的经历，我和菲小妞跟售货员斗智斗勇，几次被忽悠，终得实惠！

菲小妞在活动前先把空调转了一圈，在看过一线品牌空调不菲的价格后坚定不移地要跟我买KL空调，看到参加活动的大家都没有购买KL的意向，当时我们就想，靠自己吧！

先鄙视一下KL空调采取先涨价再降价的卑鄙手法，比如一款原来特价后2599元的机子，这次集采标价是2699元，因为那天商城有100元电子红包和100元惠民券活动，很多人都有电子红包或惠民券，机子价格先调高100元，这样即使搞了活动，也跟没搞时赚得一样多。对于消费者来说，跟平时买是一样的。鄙视商家的这种做法，强烈鄙视！如果是不常关注价格的朋友，就会上当了，但是我不会！我在这个商场看过很久了，对于这个品牌各个款式的空调价格早已烂熟于心，而且在网上也看过，对于心理价位也是心里有数的。建议大家想要买什么东西一定要长期关注，避免上当受骗！

我俩把想要的型号看好了，开始找售货员砍价，我和菲小妞一共打算买8台空调，在数量上我们有砍价的资本。

## 被忽悠第一次

售货员拿着计算器打来打去，算来算去，又让我们参加了套餐返现，又参加了电子红包。开始我和菲小妞觉得挺合适了，于是让售货员开票，开完之后，我们就清醒了，好像没便宜呀，我们只是参加了人人都能参加的活动而已，价钱上一分没降，一点没比别人实惠！而且，我们还有惠民券呢！菲小妞说，都已经开了票了怎么办啊？我说开票怎么了，钱还在咱们自己手上呢！

大家买东西一定要学习这一点哦，开票怎么了！钱还在咱们自己手上呢，只要没交钱，觉得不实惠就可以继续砍价！

## 被忽悠第二次

于是又找了空调部经理，空调部经理帮我们协商到电子红包、惠民券、套餐都参加，我们又觉得合适了，售货员改了单子，我们拿着单子再次准备去交费，突然我们又觉得不合适了，惠民券上写着可与其他优惠同时参加，这样说来，我们还是只得到了应有的实惠，完全没有砍下来一分钱！在这一环节还是要感谢空调部经理的，毕竟他也努力了，虽然结果没有令我们满意。

## 这一次我们成功了

我们在交费之前，去参观了以网友小七为首的海尔洗衣机砍价团砍价全过程。我们发现，想要得实惠，还是得拿着大喇叭喊一喊，人多力量大！而且我们发现了说话最有分量的人物——商场电器总店经理。

我和菲小妞盯上了这个人，拉着这个帅哥要他帮我们砍价，帅哥听说我们要买的空调品牌，说："这家的空调价格最死了，很挠头啊！但是你们的数量还是有资本的。"

于是我们又一次回到KL空调专柜，售货员这一次挠头了，跟帅哥说，能给的优惠都给了，以前都没这么给过，同时参加这么多优惠是不可能的，售货员拒绝打电话申请优惠，帅哥亲自上阵。与此同时，又有一对参加集采活动的夫妇也要跟我们一起空调小团购，4台！又增加4台！吼吼，我们的队伍壮大了！

这一轮交涉的最终结果是每台优惠为：电子红包减一百+惠民券减一百+考察券减五十+无理由减一百+套餐返现活动，在这一环节，我有点相信：帅哥的脸有时候真能当卡刷——优惠卡！

总的下来，我们等于每台机子便宜了450元钱！以其中一款为例：原特价2699元的26变频冷暖空调我们以特特价每台2250元的价格获得！（嘘~我们答应售货员保密的。）

**GAR◆N** 佳诺整体家居 **课堂总结：**

参加集采前，一定要提前把功课做足，预防商家先提价再优惠的手段。在集采现场，一定要头脑冷静，不要被商家的小恩小惠蒙蔽，可以团结尽可能多的战友，争取到最大的优惠。

# 您的智商，
# 太高了还是太低了？

第五十一课

网　　名: 芥末小慧
装大学历: 博士
所在城市: 北京
装修感言: 为了阿飞慧慧的小窝，为了未来
　　　　　的小飞，奋斗奋斗～～

**诸**位同学，你们家的窗帘杆是怎么测量的？我家买窗帘杆，遇到一家不知道是数学太好还是太糟的商家，害的我这脑细胞呀，损伤一大片呀……

因为旁边不远有家小建材城，有些小件就在这里解决了，好比过门石、窗台石、拖布池这些。现在家里装得差不多了，突然想起窗帘还没有去选，主要是窗帘杆。网上的窗帘很便宜，就准备全部淘宝，可是窗帘杆不太方便，因为涉及安装。于是又来到附近的建材城。找了家看起来比较大的门面，进去问了问价格，还行，就订下了，约好第二天测量。

测量时，来了一男一女，男商家比较认真，女商家就说窗户两头长出来一些，显得好看，一边最起码30cm，明显是忽悠我多掏钱的节奏。好在男商家比较实在，说户型的原因，有一边不好长出来，女商家只好作罢。

测量完成，算账。轨道每米26元，杆是每米33元。阳台轨道一共3.5m，做双轨；垭口和客厅各2.1m，双杆；房子中间加一根杆，3m，单杆。

计算有没有错，同学们过来看看。

女商家给我写了：

阳台3.5x52=182（芥末小慧注：阳台轨道为3.5x26x2，她当时给我写的是单价每米52元）

客厅2.1x66=138（芥末小慧注：客厅窗帘杆为2.1x33x2）

垭口2.1x66=138（芥末小慧注：垭口窗帘杆为2.1x33x2）

单杆 3x33=99

一共 182+138+138+99=557。

当时是她在写价格，我拿计算器算，完了把总价写上去。算完后，她拿计算器过去，我估计是想自己算一遍，可是，她把所有的米数加了起来，然后自己说，哦价格都不一样。唉……然后，我付了一百元定金，和她约定了安装时间。

重点在下面！！我承认我铺垫得有点长……

过了大概十几分钟吧，我正准备从我家走，电话来了，女商家打来的，说，你能来我店里一趟吗？刚才价格算错了，我说怎么错了？她说，阳台那个3.5是双轨，所以轨道长是7米。应该是7米x52元。

我：52不是双轨的价格吗？单轨不是26吗？我们3.5米是乘的双轨的价格啊，怎么是7米呢？

她：是啊，长度3.5米，双轨，不就是7米吗？

我：那7米是7米的单轨道啊，那应该7米乘26啊？

她：你是做双轨，要乘以52的。

我：怎么是乘以52呢？

她：你是双轨，3.5就是7米，然后乘52，你来我们店里一趟吧。

我：我不去了，电话里说也一样，我一会儿还有事。我3.5米的双轨乘以2是7米的单轨。你再乘以52双轨，那我不是14米的单轨了？7米双轨，那我不是装4个轨道了，我装那么多轨道干吗？

她：对呀，就是四个轨道，你双轨就是四个轨道……

我……我一个小阳台我装四个轨道我有病啊！！

我无语，我抓狂！！这是什么算法？后来又叫那个男商家接电话，我觉得男商家脑子应该清醒点。我问，3.5米的双轨，是不是7米的单轨，是不是乘以单轨的价格？他说是啊。我说，那我们单子上，价格乘以2了，是3.5乘52，是不是应该这样？他回答我，不能算价格的，应该是算米数，应该是米数去乘价格，3.5米的双轨就是7米，大姐你说对不对？我……对不对？？？同学们，你们来说对不对……电话持续了近20分钟，那边说我算得不对，说我没弄清楚他的意思。

　　我很清楚他的意思！ 好吧，既然算不到一块儿去，那就退钱吧，我不在他们家做了。

　　后来，我去淘宝找了家卖家，咨询了一下。

　　我：请问标价是单杆的价格吗？

　　卖家：是的。

　　我：那我3.5米的窗户做双杆怎么算？

　　卖家：那就是3.5x单价x2。

　　我：好的，我再看看。

　　以上对话简化了，大概就这个意思，证明我没有错。好，下午等老公有时间了，一起去店里一趟。一方面，去要定金，有我老公在，敢不退，哼哼……另一方面，我还抱有希望，去上一堂小学数学课，万一我说不通，让老公补充。

　　一去店里，那个上午给我测量的女商家看见我，笑着说，上午给算错了。一听，我还以为她们知错了，谁知人家紧跟着一句，我怎么算都是一千多，怎么上午给算成五百多了？我崩溃！！大姐您觉得我就那么几根杆一千多可能吗？好吧，我们先来上一课。我说拿张纸来，我们写下来。写下来，总能清楚吧？！

就说阳台，拐角的，一边2.5米，一边1米。我说，阳台双轨，是不是两道单轨？（2.5+1）x2 这么多单轨，对不对？人家思索一会儿，说不对不对，你做双轨，就是（2.5+2.5）米，（1+1）米，应该是这么多。我皱眉，这和乘以2有什么区别，我说你没学乘法啊？人家不理我，说双轨就是应该2.5+2.5，1+1。好吧，原来您不懂什么叫乘法，只会加法，那就加吧。我又写2.5+2.5+1+1=7，我说这么多单轨，对不对？人家说，对。好，那么7x26，对不对？人家思索，说不对，你做双轨，应该是7x52。我说7米双轨，不就是14米单轨吗？我3.5米的窗户，我做14米的单轨干嘛？人家说，你窗户做双轨就是2.5+2.5，1+1，双轨是52一米。人家说，大姐你没明白我们的意思，你没没明白我们的算法。

我老公在旁边早就忍不住了，终于出马了。说，停停停，这样，我们不做双轨了，我们做单轨，3.5米的单轨，多少钱？人家说，3.5x26=91，91块钱。老公说，行，做一根3.5米单轨，再做一根3.5米的单轨，多少钱，91乘以2。老公呀，您忘记了人家是不会乘法的。那加法总会吧，两个加起来。我觉得胜利在望。谁知，我太高估我们的教学能力和他们的智商。人家思索了一会儿，说，不是这么算的……是……又绕回去了……

老公彻底被打败了，无奈地说，走吧。之前我已经忍不住说了，我没法在你家做，退钱吧。人家倒很爽快地把100元人民币还给我了。临走，人家还说，你去哪家都是这么算的。我们俩站在建材城外，无语地对笑，没法在这家建材城买了，只能去稍远点的建材城买啦。

**GAR⭘N** 佳诺整体家居 **课堂总结：**

1. 一定要熟悉房子内各种尺寸、面积的算法，不要指望装修队或者供货商能给您算出正确的长度或面积来。

2. 我感觉这个窗帘商家不像是故意要骗我们，而是真的以为他们的算法正确。他们常年在建材市场接活，会有多少不认真算账的业主糊里糊涂地吃了哑巴亏呀。提醒诸位准备装修的同学，有的商家多年使用的计算方法不一定正确，一定要自己头脑清晰，不要被他们绕进去哟。

# 小小灯罩，隐藏了多少谎言？

### 第五十二课

> **网 名:** 阿土伯 99
> **装大学历:** 高二
> **所在城市:** 石家庄
> **装修感言:** 选对的人，做对的事

**随**着后期安装的开始，搜街购买的商品渐渐多了。各种各样的麻烦也随之而来。终于，一向有"温文尔雅"之称的我被心激怒了。

事情从买灯具开始。媳妇在灯饰城看中了XX照明的灯具。当时，接待我们的是一位孕妇。因为媳妇之前来过，所以款式、价钱、安装等等都挺顺利地定了下来。第二天，安装师傅也如期到达。一切似乎如硬装时一样顺利。谁知，我高兴得太早啦。装到客厅灯的时候，拆了箱，师傅愣了一下，看了我一眼说，"哦，这个灯罩发过来的时候碎了，我们就没拿过来，等过两天来了新的再装上吧，很简单，扣上就行。"我一想，灯具在运输途中有破损也正常。还在心中暗自庆幸，幸亏是实体店购买由商家安装，这要是网购的灯具，没准儿退换货又得费一番口舌。那啥时候新灯罩能来吧？师傅说，两三天就能到。好吧，时间不长，我等。

过了三天，给店面打电话，店员说，哪儿有那么快，安装师傅不清楚，至少也得八九天。没办法，那我再等。

转眼，一个星期过去了。到第十天，给店面打电话，这次接电话的是一个周姓

男子。

"哦，货到了，不过我媳妇生孩子了，我这儿实在没有人手给你装，要不你自己来取一趟，我教你怎么装。"

"我们当初不是这么说的呀，你们是负责安装的。"

"是，这不是特殊情况嘛，哥，也请你理解理解。"

好吧，人家既要照顾店面，又要照顾媳妇，的确挺不容易，而且自己装也没什么难的。虽然有些不快，我还是答应了。

转天，特意又打了电话，把东西给我准备好，别让我白跑一趟。回答是肯定没问题。于是，为了下午上班不迟到，饭也没吃，就去了店面，接我电话的周姓男子在。往里一看，墙角斜靠着我的灯罩。心中突然隐约有一丝不安。

"怎么连个包装都没有？"

"这个是用木头包装的，我们给撬了。"

拿起灯罩，怎么看怎么觉得不对劲，再一检查，角上有两处已经裂了，当时心里就咯噔一下，抬头看他们的展品，果然，灯罩没了，裸露着光秃秃的灯管。

"你们是不是把旧的卸下来给我了？"

"哦，给你的货发错了，你要得急，就先把这个给你卸下来了。"

原来什么货是新的、木头包装……都是在骗人。

"有型号怎么会错？"

"这个型号有两款，发的是平板的，你家装不了……"

"那你干嘛还说货到了，让我跑一趟？"

"这不是发错了吗？要不你先把这个装上，这次到货了我去给你装。不过库房在山东，要慢一点……"巴拉巴拉巴拉，说了一大堆。

我越想越生气，又吵了几句。但有什么办法？过两天有朋友来家里参观，客厅灯没有灯罩，多难看呀。只能先把旧的拿回去装上了。

第二天，心情稍微平复一点，再次给店家打电话，"既然发错货了，请你们赶快订上新货，不要耽误太长时间。"

这次接电话的是周姓男子他姐，"呵呵，昨天你刚走十分钟你的货就到了。我们明天去给你装上，这下您放心了吧！"

看来什么发错货了，需要重新订货，又是在骗人，新货压根儿没到，就是想趁机把旧的卖给我。如果当时没发现，出了店门估计就说不清了。

不过，好歹可以装了，第二天，打电话确认安装，还是周姓男子。

"行，不过实在没人手，下班我去给你装，你下午5点多给我打个电话提醒我一声，省得我忘了。"什么？还需要我打电话提醒，我强压住火气又问他："你知道我家住哪儿吗？"

"到时候你打电话告诉我就行。"

我终于忍无可忍了，"现在就记上，没人再给你打电话。你几点能到？"

"我6点下班，我到你那儿大概得多长时间？"

我勒个去，到底是真傻还是装傻。"我知道你是坐飞机还是爬过来呀，我告诉你，6点半我等你，今天必须把这个事给我解决了。否则，是投诉还是曝光就由不得你了。"

终于，晚上7点10分，两个小伙子带着我的灯罩来了，这次是带着包装的新货。周姓男子没有来。原来，没有人手来安装也是在骗我，根本就是因为活儿小不愿意来呀。

**课堂总结：**

选对的人，做对的事。我们无论选购装修材料，还是家居用品，需要考虑的决不仅仅是商品本身，选择商家同样重要。选择了一个诚信的商家，往往就是选择了一个能让人放心的售后服务。当然，我们不可能对每一个商家都了解得清清楚楚，这就要求我们，在选购之前要做一些功课，对要购买的商品有一个基本的了解。最起码不能商家说什么，我们就听什么。要让商家不敢轻易糊弄我们。

另一方面，也希望商家能够做到"诚信"二字，要知道，在信息传播如此迅捷的今天，为了一点蝇头小利，毁掉自己的信誉是非常简单，也是非常愚蠢的。

# 你还敢相信熟人吗？

第五十三课

网　　名：小花煞

装大学历：高一

所在城市：厦门

以前总以为有熟人好办事，可是在装修中，有时候遇到熟人，并不是件开心的事。

　　我家选购门的过程很简单，速度也很快。我们一开始就打算用烤漆门，有熟人在做烤漆门，所以一直没急着去看，到了要用的时候，才去看的。我们是直接在工厂订的，挑了个简单的款式，颜色是胡桃色。门的颜色与家具相近应该不会错。由于老公的堂姐夫（也是我家的水电师傅）和门老板很熟，应该是很好的朋友，价钱很快就谈好了：卧室门（烤漆门）750元x3=2250元，卫生间（不锈钢）1100元x1=1100元。因为是主卫的门，经常使用，担心容易坏，所以选了比较厚实的，说是8mm。本来是不需要付定金的，但老板娘在旁边已经开好单子了，还说："X哥（指的是老公的堂姐夫）带来的，交500元定金就好了，其他人至少需要支付一半。"我脸马上就黑了，脑门前感觉飞过几只乌鸦……什么意思，还怕我们跑了，不要了，什么熟人啊！门老板忙说："不用，不用，都这么熟了，等装好了再付吧！"本想赌气付给她全款的，还是冷静下来，就付个500元，出了什么问题，钱货在人家手里，咱就没主动权了。我还郑重其事地跟店老板说："质量给我保证好了，质量不好我是不要的，都是熟人，别到时候大家搞得不愉快哦！"堂姐夫也跟门老板交代，自己人一定要比别人的好才行。门老板豪爽地说："X哥，你还不信我啊！"客套几句，走人。路上老公还埋怨我小肚鸡肠，堂姐夫却笑着说："做装修这行的都是奸商，很多都是以次充好，业主都不懂，一般看不出来。"呵呵，还是姐夫了解。

下午门老板亲自去量，因为泥水工（老公的表哥）在，电话交代表哥接待一下就没过去了。七天一到，要求老板送货，因为卫生间要贴墙砖，门套要先装上。一开始说好只送门套，因为卧室门要喷漆，时间比较长，还没做好，也不急用，所以没送，但老板说那个主卫的门是不锈钢的，已经做好了，也一并送来了。下班后去新房工地，门套都装好了，检查了一下各门套，颜色、材料没什么问题，主卫的门大概看了一下，也没什么问题。但过了几天，我和老公去新房，铺瓷砖的表哥说："你们的主卫的门要8mm的，我刚才铺地板时，搬了一下，好像没那么重，钢板厚度不够，应该不是8mm的！"我和老公赶紧去仔细看，真的没我们去工厂看的那么厚实。老公先给堂姐夫打电话，堂姐夫的意思是让老公给门老板先打电话，看看他怎么处理。老公打电话给门老板，门老板一听，态度不怎么样："不会吧！怎么会弄错呢？你们选的就是这种呀！我们绝对是一分钱一分货。"老公忍不住，发火了："明明送的不是我们订的，花色倒是对的，但一定不是我们订的那种，根本没我们订的那种厚实，隔壁装修工看了，也说这是薄板的。你自己现在过来看吧！"估计门老板心虚了，缓了缓口气，忙说："可能送错了，我查一下，真是送错的话，一定解决。"我们越想越气，一定是以次充好，想想当时去订门时门老板他老婆的嘴脸，就觉得不是好人，奸商是也。过了一会儿，就来电话了，说真是送错了，要不少100元，就别换了，换来换去麻烦，别人是少50元的。老公一听，又火了，对着电话大喊："我是要换好的来，不是要退那点钱的……"老公看着斯文，发起火来还是很恐怖、很男人的。果然是奸商啊！还好有泥水工表哥的细心，不然我们还发现不了，那就吃亏了。最后门老板被堂姐夫骂了一顿，给我们换了，还少收了我们50元。无语了，该气还是该笑啊！

**GAR N** 佳诺整体家居 **课堂总结：**

装修买材料下定金真不能多交，越少越好，可以假装钱不够或者忘了带之类的，这样钱在手上，东西又装在家里了，奸商再奸也没辙了，最后他们为了拿到钱多多少少会妥协我们的要求；在亲戚、朋友、熟人处购买材料，通通都要留个心眼，防止以熟骗熟；最好还是学习装修知识，略懂一二，也不容易上当受骗。

# 强化地板奇遇记

**第五十四课**

网　　名：懒手拙心
装大学历：博士
所在城市：北京
装修感言：投入地装一次，放入梦想

**许**多同学表示，装修中遇到了很多奇葩商家，发生了许多糟心吐血的经历，我这次买地板遇到的商家却非常暖心，现实告诉我们，为顾客着想的商家还是有的。

这次装修，俺选择强化地板，俺选强化地板还有个必然的理由，那就是俺想选白色的地板。这个貌似只有强化的才有。为啥非要选白的？因为俺喜欢。

但是售白色地板的卖家非常少。被俺发现的只有几家号称进口的品牌。

最初定下了一家的田园白橡款，可是因为价格限制，款式不是最满意，每次路过另外一家品牌FM（该品牌名的汉语拼音缩写）时，仍不由自主地进去踅摸，踅摸了N次后，销售人员还是热情地招呼我进去踅摸N+1次。正赶上那天这家地板搞活动，于是一下将价格拉到了我够得上的范围内，虽然不是第一眼看上的田园白橡。

好在FM地板系列比较全，白色地板款式比较多。销售人员向我力推一款价格更为实惠的雪域银橡。虽然颜色偏白，但表面同样有手抓纹理，看起来还算逼真。

于是欢欢喜喜定了FM的地板。最初定的地板，退订时并没给我脸色看，让看惯了商家脸色的我非常感激。

4月下了单，和我家大多数主材一样，因为硬装阵线拉得长，FM销售人员迟迟没能迎来我送货安装的通知电话。8月份销售人员给我打了数次电话，说我选的地板快卖断货了，要先送货上门，让预留出足够面积。倒不是我不想留，无奈当时厨房砖没铺，客厅卧室地面没找平，阳台上堆满了施工辅料，卫生间太窄，实在找不出一个空间能放下那么些地板。销售人员也无奈了，只好让我尽早通知。

9月初终于迎来了竣工，提前和FM约好9月下旬可以安装了。等快安装时销售人员担心的事终于被我赶上了：断货了。我和LG傻了眼，地板不铺，壁纸没法贴，门也没法安，踢脚没法装，铝合金折叠门没法测量……后续的项目全耽搁了。

没等我想好是该自己忍了，还是该找FM赔偿延误，FM销售人员建议说，可以给我免费换另一款白色地板阿尔卑斯白木，价格比雪域银橡还略高些，无须承担差价。于是，我赶紧请了半天假，跑去居然之家看样品。到了店里看到销售人员所说的阿尔卑斯白木略感失望，因为没有表面的手抓纹理，平滑的表面，一看就是复合地板。

我说不喜欢这款阿尔卑斯白木。销售人员说最新进口的雪域银橡预计半个月后能到货。我暗想如果半个月真能到，倒还不算太迟，或许只能干等了。抱着试试看的心态，我问销售人员：能否换田园白橡呢？

销售人员说这款也没了。让我稍感意外的是她并没有因为差价大而回绝我，而是因为没货了。于是又大着胆子问销售人员能不能换另一款好像叫什么皇家白橡之类的。

这款地板的工艺有所不同，它的每块板边缘有个倒边，看起来更富立体感，更像实木。但其实美丽的倒角不便打扫，同时由于做工复杂，价格又上了一个新台阶。所以我也没敢期待销售人员答应我的"无理"要求。果然，销售人员说她要先请示下。打了一圈电话之后，没想到结局是从某预留处找到50多平方米的田园白橡，人家不急安装，可以先调来给我用！不增加任何费用。欧耶，心里那个开心！

销售人员重新和我确认了铺装数量和辅料，安排送货。由于FM的踢脚线小贵（卖地板的踢脚通常较贵），辅料只定了扣条。之前订了PVC的扣条，LG提醒说PVC的白和地板的白有色差，尤其田园白橡比之前的雪域银橡偏灰，色差更明显，换成铝合金扣条反而好看些。

这时FM的销售人员又小小感动了我一下，主动承认说现在的辅料涨价了，我按照现在的价格交钱不合适，铝合金扣条应当按照我签约时的定价给我算钱。这充分显示出大企业员工的优良素质，于是我付了全款等候安装。

我只是一个普普通通的小客户，此次地板波折，我所获得的极为满意的补偿方案并非是和商家据理力争、软磨硬泡后才得到的，而是商家主动向客户提出的解决方案。从来就只见过消费者去争、去吵、去讨，而未必获得消费者应有权利的我，还真没见过这么"慷慨"认错、主动赔钱的商家。让我感到十分难能可贵，堪称奇遇。

如果FM不是主动提出解决方案，而是先拖延，等顾客等到忍无可忍才解决，那么第一，我一定会提出赔偿要求；第二，即使到时FM提出同样的解决方案，我的满意度也会大打折扣，因为那是我逼出来的。而第一时间的积极解决为FM赢得了信誉，下一次需要购买地板时，你们猜我会选择谁呢？可以说这样的信誉一定会为品牌赢得客户忠诚度，所以说FM是聪明的商家。

有人会说，是不是这款地板质量一般，所以才这么便宜让给你的呢？我可以负责任地告诉你，不是的。收到地板后，我做了浸水实验，把一块边角料浸泡进水盆里1小时后捞出，未对比出肉眼可见的膨胀变形，掰开看里面仍然是干燥的。

入住后，LG数次站在梯子高处把螺丝刀、钉子掉落地上，而我未找到丝毫痕迹。这充分体现了选择强化地板的"皮实"性能。而环保性更让我们满意，地板9月底铺好，我年前1月份搬的家，搬家前做了一次空气检测，间隔为3个多月。检测结果各屋均未发现甲醛超标，可以证明该房间包括地板在内的所有项目环保性能指标完全合格！

GAR�N 佳诺整体家居 **课堂总结：**

我特意记录下上面这篇开心的购物经历，是因为有史以来我第一次体会了一把当"上帝"的滋味。那些在售前围着我们点头哈腰，捧得我们晕头转向的销售人员无非是尊我们的钱包为上帝。钱包掏空，上帝远去。像FM这样在售后仍能重诺守信，重视如期履约，对客户负责，主动承担责任，积极解决矛盾，尽最大可能满足客户需求的商家，才是真正拿我们当上帝的商家。只有当消费者是上帝的品牌，才是值得消费者追捧拥趸的大牌。

# 素未谋面的交易

第五十五课

| | |
|---|---|
| 网 名: | 靠边儿 |
| 装大学历: | 博士 |
| 所在城市: | 北京 |
| 装修感言: | 感谢大家 |

**我**不是标题党，在装修的过程中，我确实有素未谋面的交易。

"素未谋面的交易，网购吧？我天天网购，和商家也素未谋面……"您是不是也这么以为？哈哈，还真不是网购，是实实在在的实体店，实实在在的未谋面，而且是两项。

## 轻松搞定窗台石、过门石

事情得从瓦工进场后说起。因为我上班地点离工地较远，单程50km，别说上班时偷偷开溜盯工地了，就连去一趟都像西天取经似的费劲，所以，我一般都是将需要准备的东西提前准备出来，最好够师傅一周忙活的，然后周末过去看一眼，顺便准备下周用的东西。瓦工进场后就说：过门石买了吗？最好明天能送到，最迟后天，否则该耽误了。我没想到瓦工进门就要过门石，所以没有准备，哪怕是前期考察和逛店，甚至连哪里卖过门石都还不知道呢，现在要这么快就买了送过来，立即让我找不到北了。找不到北也得找。于是让瓦工定了尺寸，写到纸上，揣着回家了。

　　其实，小区里就有卖石头的，但是总觉得他们卖的东西不好，而且是装修完就撤的流动摊，万一以后有点儿啥事人都找不到，所以压根儿就没有去他们那里买的想法，尽管好多邻居都说他家挺便宜的。

　　逛市场去买肯定是最快最直接的，但是对于前期没有了解市场，没有了解石头的我来说，心里很是没底，加上当天来不及了，次日要去上班，所以，我只有一条路了，找熟人找路子。在QQ上问了一圈，装大论坛上两个朋友各自给了我一个手机号。呵呵，看来认识几个装修的朋友，关键时刻还是很有用的。先挑一个电话打过去，咨询半天，最后表示有需要再联系，其实是要货比三家；接着按第二个电话打过去，结果电话刚一接通我就诧异了，这，这，这不是刚刚电话问过的那个人吗？！哈哈，经确认，还真是！装大论坛上大名鼎鼎的很拽的土豆。

　　现在的牛人都流行俩手机号啊。

　　额，好吧。或许这就是缘分。既然俩靠谱的人推荐的都是你，你应该也会很靠谱。我也不咨询了，于是把尺寸报过去，选大众化的丰镇黑，说希望最迟后天能送。豆总很给力。原本过门石是要客户自提的，鉴于我自提有困难，结果他安排他家小姑娘按时给送过去了。等我周末去看时，过门石已经都贴上了。呵呵，除了大包装修的，有我这么省心的选材吗？窗台石也用的豆总家的。

　　因为网上看照片有色差，所以选窗台石时还是实地去他店里一趟。由于事先没有约，结果到了店里发现豆总不在，他家销售人员也不在，只有一个他家邻居商家帮看店铺。额，没见上面，只选定好花色。后来一切事宜均在QQ上沟通交流的，不知道咋那么巧，他们去我们小区安装，基本都是在周一至周五，所以，第一次约我的时候，我说："去不了，能不能改到周末？"第二次真是周末去了，但是没提前跟我说，赶不回去。于是索性让他们自己进去装吧，不就是石头嘛。我只提一个要求，石头下面别用903胶就行，因为大家都说这胶不环保。就这样，我家的过门石、窗台石就搞定了，省心吧。

　　当然，过程也是有波折的，客厅窗台石做得有点窄了，拍个照片微信过去，豆总迅速回复：换！

## 请人代收小厨宝

　　买小厨宝也比较有意思。那天去选漆，选完和销售员聊天，问他小厨宝哪个牌子靠谱。他说某某品牌就行，我给你个电话，找他。额，无心插柳呀。

　　某某品牌的专卖店在东五环，虽说不远，但是想想就买个小厨宝，不用挑颜色啥的，跑一趟觉得不值当的，于是就在QQ上联系。他家小厨宝一共有两款，挑了个鹅蛋形的，价格很给力，比某著名电商还便宜。约好送货时间，货到付款。

小厨宝和浴室柜、花洒、马桶、开关面板约的同一天安装；装开关面板的师傅早早就到了，一开始以为开关面板一会儿就完活，结果，那天装了整整一天，呵呵，也多亏装的时间长，否则，我那小厨宝还不知道找谁代收呢。

装花洒时出了点小情况，花洒混水阀那里自带的对丝不够长，装不上。花洒师傅说这不是他们的问题，不能等我买了对丝再第二次上门，而且他们当天还有别的活儿等着安装，也不能在我这里等太久。额，这可真是意外情况，跟装面板的师傅商量，问他是否可以帮忙装上，师傅很厚道地说：没问题，你去买对丝吧，买来我给装上。

于是，我赶紧出去买对丝。在小区最近的建材城跑一圈没有找到，这玩意儿还挺难买。别的地方我也不知道，只好去十里河；结果，还没到十里河呢，小厨宝来电说一会儿就到，可我这边如果顺利的话也要一两个小时才能回来。对方说等不了，要么找人代收，要么改天再约。

于是，尝试性地问正在我家装开关面板的师傅能否代收，最关键的是是否有钱。呵呵，还好，师傅说没问题，关键时刻解决了我的燃眉之急哈。随后，小厨宝让装浴室柜的师傅给装上了。就这样，小厨宝的交易也未谋面。

**GARON** 佳诺整体家居 **课堂总结：**

装修时多认识几个装修界的朋友，只有好处，没有坏处；你认识了，说不定什么时候就能帮一把。要是每个商家都这么给力，我们的装修也就不会像现在这么劳心费神了。希望在不远的未来，大家都能真正地坦诚相对。

# 我的衣柜考察之旅

网　　名: 中珠小男神
装大学历: 小学四年级
所在城市: 珠海

对于大多数人而言，装修是一件困难的事情。

不懂的东西太多，河沙还是海沙，电线单芯还是多芯，衣柜板材真的是E1级吗？

## 环保与优惠　此事两难全

环保、美观、体量大，是老婆对新房衣柜的要求，为了老婆的各种衣服有个舒适的存放之地，为了老婆每天都能美美地出门，我是掏空钱包在所不惜，可惜我的钱包不给力。在家具城转了半天，发现有味道的不想买，没味道的买不起。

舍不得打车，等了半个小时坐了55路摇摇晃晃回了家，点开新小区的业主装修群，正好看到一位邻居在群里介绍给大家一款超便宜的衣柜，不少邻居响应热烈。但当我问及衣柜的具体配置如板材、五金等等时，一问三不知……不过想想也是，这么便宜的价格你还想要求什么？爱格板还是吉林森工么？那不是厂家有问题就是自己有问题了。

## 有问题 找装大

还是要感谢无所不能的网络，怀揣"人人帮我"的愿望，我在搜狐装大论坛发了篇求助帖"哪里有没有气味又实惠的衣柜呢？给小弟推荐一个"。抽支烟，上趟厕所，回来就有答案了。巧的是，广州和北京的两位网友都给我推荐九星佳诺橱柜，说性价比高，关键是环保，售后服务好。

抱着试试看的想法，我与他们家的网销小陶小窗联系，加QQ，猛聊一阵，了解了大概，原来他们家用的并不是传说中的露水河板材，而是德国进口的爱格板，我把我家的平面图发给小陶，没多久费用就算出来了，吓我一跳，价格比在珠海本地商场买，便宜了近4000大洋。

我心中暗喜，今夜有戏啊！

可是，两个困惑一下子又让我望而却步。第一，佳诺橱柜真的像网上所说那样好吗？为啥德国进口的板材却比珠海本地的普通防潮板密度板还便宜？第二，他们的工厂在北京，我在珠海，做好的柜子运到珠海后怎么解决安装问题呢？被这两个问题困扰了半个月之久，和九星佳诺的联络中断了下来。

## 实地考察 打消疑虑

夏天来临了，珠海的台风也来了好几次，装修也接近了尾声，衣柜还没有着落。单位为犒劳我们这些没日没夜坐在电脑前改设计方案的工程师们，安排了一次集体北京出游。哈哈，这可真是天助我也。在同事们兴高采烈登长城逛鸟巢时，我心里却一直牵挂着我的衣柜，集体活动可不能掉队啊，想半路开溜可不好，终于等到一个机会，到北京后的第二天中午下大雨了，去看毛爷爷的行程被迫取消，大家自由活动。我马上和佳诺宋总联系，要求参观他们北京的生产基地，传说中的宋总冒着大雨开车来酒店接我。

宋总很热情，人也很实在，看得出是做实事儿的人。此次参观，也是大有收获，以前总觉得橱柜衣柜的用料都差不多，现在才知道这里面大有学问的。

但就环保来说，LSH（某板材品牌缩写）可以说是国内最好的板材了，但是相对于欧洲进口板材来说还是有区别的。宋总在车间让工人现场锯了两块样板，一块LSH的，一块爱格板。让我闻一下味道。爱格板那块是一种淡淡的原木的清香，而LSH的味道要大一些，有一些胶的味道在里面。原来这是由于两者的工艺不同造成的。LSH板材是用了一种叫作甲醛捕捉剂的东西，把板材产生的甲醛中和掉，所执行的E0标准是某省的地方标准。而爱格板是用的自己研制的无醛胶来压制板材，板材只采用新鲜原木主干，充分干燥处理，然后粉碎压制，颗粒比较均匀。所执行的是欧洲E0标准。原来所谓的E0、E1······都是源于爱格公司的企业标准，后来推广到欧洲乃至全世界，作为公认的标准等级的这些以前都没有了解过······宋总说，爱格板可以达到即装即住的效果。

图注：从两块板材的断面可以看出，爱格板的分层比较明显，界面鲜明，颗粒较大。而某知名品牌板材的断面比较暗，分层不明显，颗粒较小，杂色较多。这是由于爱格只用产于阿尔卑斯山的针叶林单一树种主干，而某知名品牌板材用的树种比较杂。

而工厂的各种生产设备，也让我大开眼界。特别是今年又新引进了大型的豪迈全自动直线封边机，使得封边更均匀、更美观、更环保。在五金库，见到了传说中的顶级五金件和各种环保辅料，如瑞好封边条、德国汉高牛头热熔胶······甚至连合页涨塞这种小东西都是进口的。

## 衣柜终到家　安装DIY

一切都很美好，可是，佳诺橱柜在广州没有安装工人，成品板材到了我家后，怎么组装呢？经过和厂家深入交流，我们确定了以下模式：1.我家衣柜的量尺、设计等工作由佳诺橱柜广州的设计师上门服务，因为柜体的量尺和设计是尤为关键的，量尺准确出来的成品才不会错误，减少返工概率，设计的合理业主用起来才顺手方便。2.北京的工厂按照设计师的设计生产，成品板材由佳诺橱柜安排物流公司送货上门。3.衣柜的安装由广州设计师提供技术指导，我自己DIY安装。

回到广州，设计师如约上门，根据我家的空间，量体裁衣，设计了最佳的衣柜方案。因为家里房子小，设计师还别出心裁地给我设计壁床，看起来是衣柜，打开门就成了床，小空间大作为！

一切按计划执行，25天后柜子半成品顺利运到工地。

我提前上某宝上买了点简单的安装工具，说真的，这些工具的费用比起我省下来的衣柜钱，简直可以完全忽视。

就在我满头大汗哼哧哼哧安装的那天下午，隔壁邻居推门而入，环视一周，拿起一块板材使劲嗅了嗅，抬头问我，"这柜子什么牌子，哪里买的？"我放下手中的电批，再看看他的表情，很是骄傲地说，"当然在首都买的。"

他拉住我，问这问那，好奇这个床是怎么藏进衣柜里的，又是怎么实现放在地上的？起初我懒得搭理他，我正忙得热火朝天。

可是你懂的，自己的成就被人欣赏是多么开心的一件事情，最终我还是没矜持住，和他一阵猛聊，前因后果来龙去脉竹筒倒豆子一股脑儿地倾诉衷肠，听得他时而惊诧，时而捧腹大笑，最后他看着我刚刚安装完的主人房大衣柜总结了一句："兄弟，你是个牛人，你看这样行不行？我把我家的衣柜拆了，你给我在佳诺重新做一个回来。这事就交给你办了！"

我顿时傻眼，这是我要改行做衣柜安装工的节奏啊！

**GAR✿N** 佳诺整体家居 **课堂总结：**

想要环保还想省钱，只能费心费力了。费心寻找靠谱的商家、费心考察还要费力 DIY。冒着大雨的考察、挥汗如雨的安装，只为了我的贴心小家，纵使辛苦，也值得。

# 第九章 有些话，想说给还没装修的你听

# 你不明他不说，谁在制造家装业的"皇帝新衣"？

**第五十七课**

| | |
|---|---|
| 网　　名: | 平民女 De 实木家装 |
| 装大学历: | 大四 |
| 所在城市: | 北京 |
| 装修感言: | 找一个好工长，让他做半个主，你做半个主，就 OK 了。 |

装修完工，入住己十个多月，喧闹过后，是对家装业现状的反思，尤其是业主自身暴露的诸多问题，如鲠在喉，不吐不快！

## 过分追求低价，变"货比三家"为"价比三家"

报价单是业主选择装修公司的重要依据。业主从N多的报价单中选择装修公司，多是看报价，"货比三家"成了"价比三家"，报价低、再低甚至更低的装修公司胜出。

为了迎合业主低价消费心理，装修公司自然就在材料和工艺上制造"陷阱"，因为这是他比业主更明白的地方，他知道哪些材料多少钱，哪些工艺上可以少花钱。

以墙面处理材料最多的美巢腻子为例。很多装修公司报价单只写"美巢腻子"，报价单不写明用美巢800，是因为装修公司明白800比400贵一倍多，业主多是初次装修，不少还是一头雾水似的，看到价格低就签单了。

接下来发生的事就会有两种情况：一是装修开工，材料进场了，发现这个400不对，要求换800，这个时候装修公司就会讲明白了，换800可以，要再加钱，业主只好顺从；二是业主一直没明白，保持好心情一直住下去。

可是，什么事情也有例外。我有个朋友刚装修完，还没有入住，楼上漏水，因为是新小区，都刚装修完没入住，漏水时间长，等发现时，楼下的住户都被殃及。单位房，楼上楼下都认识，大家互相查看，发现一个奇怪的现象，漏水的是8楼，7楼、5楼、4楼、3楼甚至2楼墙面都有不同程度受损，只有6楼几乎没有损坏，原来6

楼用的是耐水腻子，也就是美巢800，其他用户要么是美巢400，要么就是假腻子。

业主们在事情发生了，才知道当初装修公司所用的材料不对。这个时候一味指责装修公司，不如反思一下，在当初选择装修公司时，除了报价单上的价格，是否应该把价格对应的材料及工艺落实一下，而且现在网络这么方便，只要百度一下，就很容易找到这方面的答案。

## 就价论价，不去了解价格发生的背后构成

找装修公司时，一般提及最多的就是铺砖多少钱，瓦工项目是装修必备项目，也是业主可以用来比较公司收费高低的一个指标。那就来分析一下，这个价格背后的构成。

一般铺砖都是轻工辅料，就是业主买主材，装修公司提供水泥、砂子等辅料。那么铺砖费用的构成就是装修公司利润+瓦工提成+辅料。

装修公司利润：大多数装修公司要求有一定的利润，这是合情合理的，公司赚钱是天经地义的事，给工人发工资、公司水电房租的开支，以及要上缴各种税。合理地赚钱是应受到尊重的，不能说赚钱就是JS。瓦工提成：首先，瓦工收入一般是按提成计算的，目前好的瓦工提成每平方米为30~40元；如果按日工算，应该在350~400元/天。

其次，铺砖的费用还和铺贴面积有关，如果铺贴面积小，而且像厨卫这种拐角多的空间，相对于客厅地面来说，瓦工做起来就慢，那么瓦工提成就会相应提高。

辅料：水泥、砂子等。

综合下来，收费47元/平方米，要分给瓦工35元，砂子水泥承担7元，力工承担1元，最后利润只有4元钱。如果碰上手艺不好的瓦工，业主还会要求返工，或许就面临着只赔不赚的局面。

从上述分析可以看出，目前瓦工项目的报价应该为47~55元/平方米，这样的报价应该能维持该项目平衡。可是我们却看到不少装修公司的报价低于这个数，有的报出25元/平方米，莫非业主人品大爆发，老板把你当成他的亲人了，开始改做慈善了？

呵，老板的脑袋都是钱脑袋，所以自然有赚钱的道道：水电不允许外包，水电多赚钱来补这个亏损；或是开工后不断地要求业主增项；或是买劣质水泥、砂子减少辅料的成本，或是找学徒级的瓦工。

于是被业主深恶痛绝的"水电绕线"、"开工增项"等装修陷阱就出现了。而这些费用的构成，永远是你不明他不说，最后知道是个坑，还得往里跳。

## 拔高自己的要求，却又缺乏相关知识掌握

装修中的坑太多，除了像"达芬奇家具"那样专门忽悠有钱人，多数还是为那些贪便宜的人设的圈套，虽然骗术简单，却屡试不爽。

一同装修的两家邻居先后订了某大品牌的橱柜，都是一样的户型，尺寸相差无几，都是订的同一款的套餐，A是3.15前订的，B是在3.15搞特价时订的，3.15活动当天订的橱柜比之前订的要优惠3000多元，A听后除了后悔还是后悔，但也懒得退单，就按订单交款安装了。入住十多个月，前几天串门对比才发现，B的橱柜水槽与A的相比，不锈钢水槽颜色都有些发乌而且水槽壁薄，铰链虽是同一品牌，也感到与A的有差别。

我相信这种天天上电视做广告树起来的品牌，一般不会有假货，但就是这样的真货，还是会在用材上有所不同，买的没有卖的精，这就是为啥商家活动促销过后，就要面临投诉高峰。

在房价高收入低，普通百姓买套房掏空多年的积蓄，还得面临还贷压力时，装修的预算更是捉襟见肘，少花钱多办事，成了装修支出的大前提！

如果有1000元，可以当成1200元花，如果说要拿1000元买价值5000元的东西，估计连自己都不信。贵不一定就是好东西，但好东西肯定不便宜。这话用在装修上也很适合，尤其是入住后更是深有体会。

装修话题永远不缺少点击量，是那种"花的钱少，装修面积大"，再加上"奢华欧式"、"完美地中海"、"清新田园"修饰词组成的标题，诸如"5万装修120平方米时尚靓丽新家"之类，少花钱多办事，直击业主心理软肋。

有过了装修经历，就会明白，装修中大大小小的十几项，每一项都用了什么档次的材料，用的什么工艺，请的什么样的装修公司，花的钱都是不一样的。这类文章，多数是标题党，就是"正在上演皇帝新衣表演"的人。

装修除了激情，更需要冷静和理性！

**GARON** 佳诺整体家居 **课堂总结：**

很多业主都在吐槽装修中遇到的极品设计师、糟心的工人、无良的经销商。其实，如果我们自身内功修炼到家的话，这些都是可以避免的。

# 有些话,
# 想说给还没装修的你听

第五十八课

网　　名: 淑女满天飞
装大学历: 高二
所在城市: 哈尔滨
装修感言: 等我装修完了,可能就变成老
　　　　　太太了吧!

**装**修真的是一门存在遗憾的学问,刚开始的时候信心满满,慢慢地开始松懈,最后近乎抓狂。我家有两套房子,一套我的婚房,一套我妈妈家的,面积相差一平方米,同时开工,进度差不多。作为装修接近尾声的业主,我真心劝各位还没开始的朋友们:一定不要冲动,保持理智才能为你的装修之路保驾护航。

刚开始的时候我以为装修是一件很容易的事,开始得很唐突,在我还完全没有想好要怎么弄就开始了,所以发生了很多意外的情况也很正常。

首先我觉得大家在开工之前应该定好风格,这样所有的装修都按着这个基调走就不会乱。现在我妈妈家的房子风格基本确定,偏中式,所以在我选购家具还有软装的时候,就尽量往中式上靠。大家不要以为先完成硬装再确定风格是一件很容易的事,就好比我的婚房,现在还处于一种四不像的状态,我还没想到该怎么继续。

其次是省钱要讲究方法,不是什么钱都可以省的。其实刚开始我也和大多数人一样,买了房子之后,装修的钱就变得捉襟见肘了。为了省钱,我可以少做造型,一切从简,但是装修的质量是不能从简的。一起进户的同事选择自己找工人干,但是我没有，我在论坛里找了一位我相信的工长，然后把房子交给他。我并不是否认自己找工人的做法不好，但我们毕竟都是门外汉，对每个工种都不太了解，就算忽略工种之间相互衔接容易出现的意外状况，每个工种在进行中也会让你焦头烂额。我没有大把的时间放在装修上，也没有心情去监督工人施工，其实细算下来轻工辅料没有比自己找人干贵多少。

遗憾家家有，只要是装修过的业主几乎都会说，要是当时这样就好了。为了让大家少一点这样的抱怨，我才要把自己家的失误写出来，希望大家的遗憾都少一点。

## 水电方面

预留插座的时候我是在的，我以为我想得已经很周到了，但是现在看来还是留少了。比如厨房，只给抽油烟机留了个五孔的，忘记了煤气报警器的存在了。这个问题我之前还用小本记录过，但是预留插座的时候还是忘记了。

开工之前我非常鲁莽地买了个书桌，卧室的插座也跟着有了改动，现在我又不想要这个书桌了，但是插座已经不能再改动了。所以要提醒大家，预留插座的时候一定要保持冷静，最好自己先去房子里画一画，把所有可能性都想一想。而且尽量别冲动，现在我即便非常喜欢的也要等一天再买，这样就会有充分的时间来思考它是否真的符合我家的实际情况，避免盲目下单造成的遗憾。

另外就是一定要和水电师傅多沟通，告诉他们你到底想要什么。比如我家卫生间的浴霸，我本来是想用个五合一的，但是没和师傅沟通明白，师傅就按正常单独排风浴霸给留的线。吊顶安装的时候才发现这个问题，结果就是两根碳纤维管不能单独开，必须同时使用。

开工之前我就买好了浴室柜和马桶，但是我忘记了告诉工长浴室柜的尺寸，这让我深刻地认识到准备工作不足是一件多么可怕的事情。工长在不知情的情况下留的水阀和下水线位置，结果就是我的迷你浴室柜挡不住它们。安装的时候需要二选一，我选择挡住了下水线，露出了水阀。更可悲的是浴室柜和墙之间还有大约20cm的距离，放不了什么东西，也非常难看，我还没想好合适的补救办法。

再有就是我之前觉得浴室柜和洗衣机不能完全放在一侧，所以把洗衣机放在了浴室柜的对面。现在才知道，它们是完全可以放在同一侧的，可是水管和地漏已经改不了了。事实证明开工前的测量是非常重要，也是必要的。

## 瓦工

瓦工整体满意，师傅很细心，我也很省心，如果让我自己找，我绝对不会找到这么好的师傅。唯一一个遗憾是因为卫生间太小，所以师傅在给地漏找坡度的时候造成卫生间门口地面左边比右边稍低2cm。其实如果用理石的过门石是可以找平的，但是我不知道就没和师傅沟通这个问题。然后理石为了美观也随地面走，结果就是推拉门的门口安上之后左低右高，虽然不是什么大问题，但是看着还是挺闹心的。

再有就是提醒大家一点：要和师傅沟通一下，先让师傅看看购买的砖够不够，另外就是快接近尾声的时候不要把砖都泡了，最好先计算一下再泡。我去退砖的时候，瓦工师傅已经走了，剩下完整的砖都放在箱子里。我和老公费了好大劲才把砖搬到车里，结果去店里之后店员告诉我一部分都泡过了，退不了了。钱是不多，关键搬一次真的太累了。

## 木工

我家的木工活很少，但是还是有个小遗憾。我客厅里想要宽的石膏板，最后出来的是石膏线。我在油工活都结束了才发现这个问题，也不知道之前去工地的时候都在想什么。这个问题肯定是我事先沟通的时候没有说明白，看来不光恋爱中的人会变得白痴，装修中的人也没好到哪里去。还是那句话，沟通很重要，不行就在墙上画几笔，不要好久之后才想起来，那就只能自己郁闷了。

## 油工

油工需要考虑的问题要少一些。但如果赶上东北的供暖期，就要注意暖气的后面了。我妈妈的房子是刮了一遍腻子之后暖气试水，试水之后油工征求我的意见，因为都是白墙，所以我同意不把暖气摘下来刮后面的第二遍腻子，油工也用小刷子尽量把连接处处理好了。但是我的婚房因为全部刷了淡黄色，所以我还是要求试水后油工把暖气摘下来把暖气后面也处理了。同事家的油工就完全没有征求业主的意见，暖气后没有做任何处理，如果换成我，我肯定不高兴。

还有一点就是油工结束之后，在没有入住之前，最好在屋里放上几盆水，因为供暖期室内太干燥会导致墙体开裂。在这之前我并不知道这件事，我们小区的供暖很好，油工找零之前，墙体就有很多开裂，为此我还郁闷了一阵。后来油工师傅告诉了我这个办法，现在我家里放了几盆水，新刷过的墙果然没有再开裂了。

## 其他

硬装整体还可以，因为有事都有工长给解决，所以相对省心些。开始安装之后事情开始多起来，这个时候大家要格外小心。很多状况可能都是之前没想过的，发生了也不要慌张，等冷静下来再想解决的办法。

还有就是选购的时候虽然要听取店员的意见，但是最好还是以自己的想法为主，店员虽然是好心，但是毕竟不了解你的喜好。比如我家有些订制的东西颜色我就不太喜欢，但是大家都说好我也就买了。希望大家在购买的时候还是先让自己满意，省得以后为当初没有坚持自己的意见而后悔。

所有订制的东西都存在运输过程中磕碰的情况，所以安装每一样东西之前，都要自己仔细检查一遍。不要过分地相信师傅会站在你的立场替你想，你也要替他想一想，有问题他就要再来一次，尤其像路远的，师傅更是多一事不如少一事。所以最好自己把功课做足，不然事后再说就容易说不清了，结果一般都是忍不忍都忍了。

我家的卫生间做了推拉门，本来预留的是1.4m的距离，这样可以做700mm一扇的拉门。但是我不知道包口本身也存在厚度，并不是百分之百贴在墙上的，所以包口之后距离只有1.2m，现在还不知道600mm一扇的拉门会不会让我觉得拥挤，这个真心让我觉得遗憾，如果当初多问问应该会好些。

**GAR N 课堂总结：**

佳诺整体家居

现在我家的装修已经接近尾声了。我很享受装修的过程，虽然很累，很让人恼火，也会充满遗憾，但是点点滴滴都见证了我和我的家共同在成长。我家的遗憾不算少，但是装修就是一门存在遗憾的学问，经历过了才会成长，才有资格把我的经验告诉别人。感谢这一路走来帮助过我的人，也希望我说的这些会对还没装修的你有帮助。这些话，说给还没装修的你来听！

# 从装修的遗憾中总结与发现

第五十九课

---

网　名: 前前妈

装大学历: 初三

所在城市: 北京

大半年过去了,前前的小家终于有了新的模样。过去自家装修,我从未操过心,那时装得也简单,都托付给了别人。如今儿子装修,我和老伴被"赶鸭子上架",比自己的事还上心。过去听人讲,装修是门遗憾的学问,并不在意,如今经历了,才有所感悟。回想起坎坎坷坷走过的这些日子,值得记录的遗憾历历在目……

从装修的遗憾中做些总结,也许会有新的发现。

## 电改:疏忽了入户总电流

当初因为电路改造,学习了不少选空气开关和配电箱方面的知识,借鉴了一些网友的经验,也大概了解了如何根据家用电器的总负荷配备相应流量的断路器,初步选定了ABB的空气开关:

(1)前置电涌保护2个(火、零线)。

(2)配电箱总开关:双开40A不带漏电保护空开,占配电箱位两路。

（3）照明线电路：单开10A不带漏电保护空开，占配电箱位一路。

（4）厨房插座电路：单开20A带漏电保护空开，占配电箱位两路。

（5）卫生间插座电路：单开20A带漏电保护空开，占配电箱位两路。

（6）居室插座电路：单开20A带漏电保护空开，占配电箱位两路。

（7）空调插座电路：双开25A不带漏电保护空开，占配电箱位两路。

（8）16路的配电箱一个。

可临到安装，电工发现入户电表的总空气开关是20A的，与室内配电箱不匹配。此电表是原业主自换的，容量很大，但电表下的总闸并不大，起先没注意到总闸的标注，室内配电箱的空气开关是依照电表的容量配置的，超出了总闸的电流。一般来说后面的线路配置不能大于前面的线路配置，也就是说室内配电箱的空气开关不能超过电表总闸，如超过，电路过载时就会烧掉电表总闸。

40A的空气开关原配10平方米的进线，而20A的空气开关配6平方米的进线就足够了。麻烦的是后边还有两路空调线用的是25A的空气开关，这样一来高于20A的空气开关全得换。原打算将配电箱安在卫生间非承重墙上，把墙打通，安好后贴卫生间瓷砖，但后来发现墙厚8cm，配电箱10cm，超出了墙的厚度，只好换位安装了。

改变后的安装位置是承重墙，所以暗装改明装，16位的配电箱缺货，只好换成了13位的。

由于家具和电器的摆放位置迟迟不能确定，各个房间电插的位置也反反复复调整了多次。电插买早了买多了，也浪费了一些。

## 墙地：横平竖直，真的很难吗？

如今的施工队，技术好的油工不多见了，拆旧、墙地施工多是初出茅庐的新手，可见油工不被重视。也许以为地面要铺瓷砖或地板，墙上有家具或电器，丑陋尽可遮挡，所以就敷衍些。有技术问题也有责任心的问题，因此想要把地面墙面做得横平竖直，真是不容易。

其实，油工的工作质量是由后面的工序检验的，前期的基础没打好，贴瓷砖就容易发生空鼓；窗台不平，窗户安上去就会歪。所以不能忽视油工活。

有的房子在建造时就不规整，比如前前的小卫生间，有的地方呈梯形，有的边线是斜的。这样的墙体是否可以用水泥、石膏抹直找平呢？我以为如果有要求的话，是可以做到的，费些工、料也是值得的，但会稍微损失些面积。

## 测量：失之毫厘，差之千里！

除灶台略低，前前家的厨房台面设计高度是90cm，与窗台齐平，作为操作台嵌入水盆，并在水盆一侧台面下放置超薄洗衣机，洗衣机的高度为85cm。

这次在厨房拆除旧物后忘了测量窗台距地面的数据，想当然地以为和卧室一样，而实际厨房地面高于其他居室。就差了2cm，却惹了许多麻烦，比如洗衣机放不进去！办法当然有，高度可以向上或向下找。向上找比较简单，抬高窗台的高度，再砌上水泥，可当时断桥铝的平开窗已安装，用提升窗台高度来调整台面高度已经不可能了；单独提高洗衣机上方台面的高度会造成阶梯式折角，不方便也不美观。最后决定以降低地面高度的办法来解决问题，于是采用了凿地的办法，生生把地面打下去并重新做了防水，终于解决了台面高度不足的问题，将洗衣机平顺地纳入台面下。

同样是测量疏忽，马桶也让我们绞尽了脑汁。

卫生间下水坑和地漏的位置与间距，在老房原有的设计中往往不合理。比如前前家的卫生间，下水坑与地漏相距很近。开始没注意这个问题，就去订马桶，可心仪的坐便器都不能安，不是压了地漏就是马桶盖掀不直（因为后面有个25cm宽的小台面，马桶高度也受限制），为选择既符合尺寸要求，品质又好的马桶，我们费了不少精力和体力。

## 地板和瓷砖：原本可以对上缝呀！

前前家的卧室和门厅铺的是地板，厨房、卫生间和阳台铺的是瓷砖。铺地板首先有个朝向问题，我专门咨询过，也征求了施工师傅的意见。因为户型的整体走向是南北向的，采光也是南向为主，所以两个卧室和门厅的地板走向都是南北向的。

现在施工一般都是一位老师傅带一位小师傅，老师傅技术娴熟，安装地板是从门口开始由外往里铺，首先映入眼帘的都是整块的地板，视觉效果好。而我没有注意到另一房间小师傅却是从相反方向铺设的，即由里墙一侧往外铺地板，所以在小卧与门厅通道的交接处他们的两种铺法错位了，虽有过门线，仍能看出不对缝。其实如果小师傅也从门口开始往里铺,衔接处就会顺溜多了,而且里面一侧摆放家具,即使地板不是整块的也看不出来。

瓷砖对缝其实也不难,但许多人只注意计算砖的用量,不太在意铺砖的美观。在一些尺寸不太规整的地面,如果要想做到地砖与墙砖缝对缝,可以先对中缝,然后从中间往两侧铺,铺到两侧边缘可能都是大半块砖,不是整砖也没关系,关键是首先映入眼帘的部位要顺溜。

## 吊顶:小心异形安装与窗帘滑轨的衔接

卫生间和厨房的吊顶相对简单,如果面积小,安装很快。

前前的阳台是L形的,吊顶与窗户和窗帘轨道有衔接,属于异形安装,所以比较麻烦。内阳台直通卧室,外阳台通过一扇门与内阳台相连。安装后发现门里门外两处的吊顶不在一个平面上,东侧阳台的略低一点。如果发现得早,可以要求吊顶安装在同一个平面上,保持统一和美观。

感觉吊顶后,窗玻璃的上沿被遮挡了一部分,不大好看;窗帘环状滑轨在拐角处与吊顶的尖角相临太近,容易刮蹭窗帘。

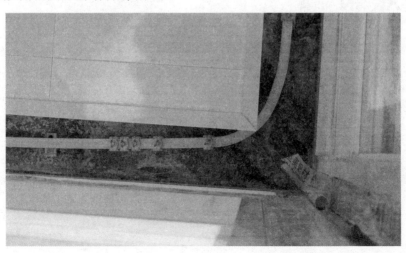

## 渗水：有可能是防水腻子的问题

夏日的一个傍晚，我去卫生间刮掉颜色不匹配的瓷砖缝，准备以后再重新勾缝。当时正是洗澡的时间，外面还下着雨。刮到卫生间门上方一角时，发现有细细的水流从瓷砖缝中流出，这一处的瓷砖也有点潮湿。第二天叫人来卸开吊顶，没发现墙壁上方有水痕。渗水来自何处？至今仍是个谜。

看了搜狐装大上装友的帖子，才得知同一品牌的防水腻子因规格标号不同，价格不同，耐水性也不同，标号低的就可能会发生渗漏。

## 玻璃：钢化的也会自爆

前前家的窗户用的是断桥铝双层中空钢化玻璃，平开窗外还安了纱窗。可是有一天突然发现厨房上旋开启的那扇双层钢化玻璃的外层龟裂了，没有任何外物撞击的痕迹，龟裂的花纹很均匀，也很美丽。电话询问厂家后得知，钢化玻璃有千分之一的自爆率，原因不明，你赶上了。厂家答应给换，几次说来都没能来，拖了一个多月，多次督促下最近才刚给换了，真怕掉下来砸着人！

## 家具：大品牌也有异味

前前为了环保，家具选的是某大品牌，家具到货后发现柜子味较大，好在夏秋季节可以开窗换气，放了几个月后才渐渐地消了味。

据说，污染物大多沉积在一米以下，对幼儿最为不利，所以新装修的房子最好两年以后再让小孩子入住。

**GAR◇N 佳诺整体家居 课堂总结：**

1. 电路改造要注意室内配电箱与入户电表的容量匹配；家具和电器的摆放位置及尺寸应尽早确定，以保证电插位置和数量设计合理。

2. 二次装修要仔细测量厨房、卫生间的地面高度，管线、下水进深及与各部位的相关距离。

3. 地板、瓷砖铺设要确定由一个基点铺开，尽量做到对缝美观。

4. 厨卫吊顶需要嵌入的灯具和浴霸等电器，应与吊顶的购置同时考虑，以防厂家不予安装；阳台吊顶与窗帘滑轨的安装衔接要流畅，避免两家纠结。

5. 钢化玻璃有千分之一的自爆率，责任由谁负，须协议在先。

6. 要注意家具甲醛含量测试，多通风，勤擦拭，缓入住。

# 装修从吐槽开始

第六十课

网　　名：天竺葵与常青藤

装大学历：高三

所在城市：北京

提一个问题，装修从什么地方开始？有人答，装修从恶补装修知识开始，要了解装修流程与施工工艺，免得上当受骗；有人答，装修从预算开始，装修花那么多钱，手头经费有限，一定要先做好预算，所以到处逛建材，跑团购，求报价；要是让我回答，那就是装修从吐槽开始……我家一套房子的装修计划提上了日程，于是我环顾自己这套已经装修了10年的房子，"吐槽"一下需要改进的地方，好避免在新房子的装修中，再犯同样的错误。下面是我的"吐槽"：

## 客厅篇

（1）吊顶筒灯：现在房子的客厅很方正，当时没有屈从环境压力，弄电视背景墙是个明智的选择，但不明智的是在吊顶上搞了一圈筒灯，更不明智的是，筒灯的开关还放在一个很不方便的地方，导致从入住到现在，十几年了，除了给客人演示过几次以外，从来没有使用过。

吐槽点：客厅吊顶的筒灯，不适合我家，如果实在要装，也务必把开关放在方便开闭的地方。

（2）沙发后面的插座：沙发后面留了两个插座，一个给了电冰箱（当时是留着给台灯或者落地灯的，后来冰箱从厨房搬出来，放客厅了，正好可以用上），另外一个在L形沙发的卧榻后面，非常不方便插拔，只好接了一个插线板出来，接着一个亚都的除烟宝，晚上还要用来接洗脚盆。

吐槽点：沙发背面的墙上预留插座有用，但是最好避开沙发位置。

## 餐厅篇

现在的餐厅位置比较受限，就没有设计摆放餐边柜，导致餐桌上摆着凉水壶、每个人喝水的杯子、热水瓶、电热水壶、牙签盒、餐巾纸盒、餐垫、咸菜碗等等一系列杂物，占了半个桌子，看起来也非常不整齐美观。

吐槽点：餐桌边务必放一个餐边柜，收纳吃饭喝水有关的杂物，一定要有插座，方便烧水。

## 卫生间篇

（1）令人头痛的渗漏：装修的时候做了24小时闭水实验，没有问题，刚入住的时候，一切都好。大约2~3年以后，卫生间的墙背面是餐厅墙，乳胶漆从瓷砖踢脚线以上开始返潮，面积越来越大，后来大面积脱落。几年以后，卫生间门两侧也出现乳胶漆返潮，甚至影响到了对面的墙面。我们小区当时开发商禁止我们把水管做成暗管，所以卫生间都是明管，而且看不见明显漏水地点，墙体为啥渗成这样？我只能猜测一个是墙面的防水高度做得不够，只是离地面30cm，淋浴区1.8m，另外一个是固定水管的卡子破坏了墙体防水。

吐槽点：卫生间防水如果没有做好，那么时间长了，倒霉的是自己，有时候还会影响邻居。

（2）不实用的柱盆与镜子，还有玻璃隔板：当时没有经验，觉得卫生间不是很大，就买了柱盆，在镜子下面配了一个玻璃隔板，摆放牙具和护肤品，旁边的洗衣机上方也放了一个玻璃隔板，放洗涤用品。现在发现北京的水质硬，玻璃隔板总是有水印，还有就是牙具和洗涤用品乱七八糟，摆放在外面真心难看。

吐槽点：样板间的玻璃隔板是给别人看的，自己用的时候，还是老老实实把一些东西收纳进柜子里，这次一定要用浴室柜和镜柜了，外面摆的东西少一点比较好，坚决不用玻璃隔板了。

（3）站在浴缸里淋浴，每次洗完澡都要打扫浴缸，麻烦死了，而且现在年轻还好，年纪大了爬上爬下，危险得很。

吐槽点：要不然就是单纯淋浴，要不然就是单纯浴缸，只能泡澡，千万别在浴缸里淋浴。

（4）插座留少了：洗脸盆和洗衣机区只有一个插座，现在常用电器有洗衣机、电热水器、电吹风，将来还想买一个电动洁牙器。

吐槽点：卫生间小电器也不少，一定预留好插座。

（5）墙面不是直角，安装浴缸的时候只能靠玻璃胶填缝，每次看见那条三角形的缝，就很难受。

吐槽点：浴缸也好，浴室柜也好，靠着的墙一定要找好直角，否则够难看。

（6）嵌入式浴缸安装的时候，侧墙忘记留检修口。

吐槽点：将来下水堵了，或者需要换了，据说要整个侧墙砸掉，也有人说检修口留了也没有用，不够大，没法换下水，这次如果用浴缸，是否考虑独立式或者单裙边的。

## 厨房篇

厨房值得吐槽的地方实在太多。

（1）厨房布局不合理，吊柜安装高度正好碰头。（我现在家里橱柜的设计师真是奇葩，每次我脑袋撞橱柜上的时候，都心里"问候"他一次）

吐槽点：别人家厨房布局不合理只是使用不便利，我们家厨房布局不合理，有杀伤力啊。

（2）厨房台面太小，家用厨房小电器没处放，后来买了两个搁架放电器。

吐槽点：厨房台面要尽量大一些，给厨房小电器找到合适的位置。

（3）厨房里的油烟大，开放式的隔板中看不中用，尽量减少。

吐槽点：隔板容易沾上油泥，尽量少用，实在要用，也必须摆放

在整齐的玻璃瓶子里，相对来说，玻璃瓶比较好清理，塑料的容器尽量避免。

（4）厨房只有一个主灯，做饭的时候感觉光线不足，后来自己买了一个夹子台灯，凑合着用，但是每次用湿淋淋的手开开关的时候，还是有点怕触电的，呜呜。

吐槽点：这次一定要在吊柜下面装橱柜灯，而且要感应式的，特别是水盆上面，一定要有光源。

（5）人造石台面开裂：剁了一次排骨以后就这样了。

吐槽点：这次坚决不用人造石了。

（6）调料最好收在橱柜里，我家每天炒菜，调料瓶子都放在靠近灶台的地方，沾上厚厚的一层油灰，而且放在台面上还占台面的面积。

吐槽点：据说调料拉篮也不好使，还没有想到更好的主意。

（7）抽屉太少。

吐槽点：抽屉最好的地方是方便把放在最里面的东西拿出来，所以在经济允许的条件下，尽量增加橱柜的抽屉，方便使用。

（8）垃圾桶放在橱柜旁边，厨余垃圾经常把橱柜门板搞脏。

吐槽点：整个垃圾处理器还是台面垃圾桶？反正得给垃圾桶找个好地方。

（9）不放在冰箱里的蔬菜，如土豆、洋葱、胡萝卜等存放位置，还有每年秋天团购的十袋东北大米也得找地方储存。

吐槽点：最好把北阳台利用上，冬天天然冷藏室。

（10）厨房地砖选了浅色，真心容易脏。

吐槽点：这次厨房地砖一定选深一点的颜色，缝也不能是白色的，直接整个深色缝，因为迟早是脏。

（11）厨房插座少。原来只有一个电饭锅和微波炉，现在我数了一下，常用厨房电器包括：电饭锅、电高压锅、微波炉、电烤箱、豆浆机、酸奶机（放在客厅了）、电热水壶（放在餐桌了），不太常用的有多士炉、和面机、食品加工机。

吐槽点：如果是美食爱好者，家里厨房电器少不了，台面上的插座不能少。

## 热水系统篇

原来的小区有热水，后来物业嫌赔钱，给停了，无奈换成了电热水器。后来发现电热水器就是电老虎啊，每天开着真心费电，尤其是实行阶梯电价以后。

吐槽点：改燃气热水器，不过好像听说燃气也要阶梯收费了，有没有搞错啊。

## 储物篇

储物空间少。刚开始住的时候，两口子刚结婚，从集体宿舍搬来的东西塞进柜子里，感觉到处空荡荡的，后来随着时间的推移，家里的东西在翻倍增加，虽然也经常把不用的东西扔出去，但是怎么还是只见多不见少呢？每次换季都要把衣服从箱子里倒腾出来，把过季的衣服放进箱子。

吐槽点：多增加一些储物空间，特别是最好能把衣服都放在好拿好放的地方，换季的时候倒腾一次不痛苦。

通过这次"吐槽"大行动，感觉装修的思路清晰了不少，所以说建议大家不妨试试，让装修从"吐槽"开始。

**GAR◆N**
佳诺整体家居　**课堂总结：**

要装修新房子，不妨好好想想你现在住的地方，到底有什么地方不满意，把这些——列出，那么你需要什么也就慢慢清楚了。

# 凤凰空间家装设计出版中心

　　凤凰空间家装设计出版中心是天津凤凰空间文化传媒有限公司设置的家装出版部门，已出版的家装生活类图书有《浪漫满屋》《清新 style》《家居空间》《跟着大师学软装》《我的插花生活》《我爱样本房》《自己也能看风水》《宜家生活家居》等百余种，多次名列各大销售网点畅销书排名榜首。本书《装修日记，省钱装修 60 课》也是该中心 2014 年推出的重点图书，希望能为广大装友提供参考和帮助。

本中心常年征稿，如果您有家装类图书的出版意愿，欢迎与本中心联系。
电话：022-60262226 转 8035
QQ：1370796664
邮箱：1370796664@qq.com

绿色全友 温馨世界

# 全友家居

全国统一服务热线 **400-8800-315**

中国环境标志产品认证

中国环保产品认证

全友家居认养的国宝大熊猫
全友家居—保护大熊猫宣传大使